U0342727

板材生产技术概论

孔 为 编著

北 京

冶 金 工 业 出 版 社

2019

内 容 提 要

本书简要介绍板材生产技术流程。结合板材生产实例,概述了铁水预处理、废钢管理、转炉炼钢、炉外精炼、板坯连铸、热轧、冷轧、样品检测等工序的要点;以 45 优质碳素结构钢及 X65MS(精炼双联工艺)为例,总结了热轧板材的全流程一贯制生产研发的具体应用方法,以 50W800 牌号无取向硅钢为例,总结了冷轧退火板材的全流程一贯制生产研发的具体应用方法。

本书可供钢铁冶金、材料加工领域相关科研、生产、管理、教学人员阅读参考。

图书在版编目(CIP)数据

板材生产技术概论/孔为编著 . —北京:冶金工业出版社,2019.2

ISBN 978-7-5024-8078-3

Ⅰ.①板… Ⅱ.①孔… Ⅲ.①板材轧制—生产工艺—概论

Ⅳ.①TG335.5

中国版本图书馆 CIP 数据核字(2019)第 043787 号

出 版 人 谭学余
地 址 北京市东城区嵩祝院北巷 39 号 邮编 100009 电话 (010)64027926
网 址 www.cnmip.com.cn 电子信箱 yjcbs@cnmip.com.cn
责任编辑 刘小峰 曾 媛 美术编辑 郑小利 版式设计 孙跃红
责任校对 李 娜 责任印制 李玉山
ISBN 978-7-5024-8078-3
冶金工业出版社出版发行;各地新华书店经销;三河市双峰印刷装订有限公司印刷
2019 年 2 月第 1 版,2019 年 2 月第 1 次印刷
169mm×239mm;7.5 印张;168 千字;109 页
49.00 元
冶金工业出版社 投稿电话 (010)64027932 投稿信箱 tougao@cnmip.com.cn
冶金工业出版社营销中心 电话 (010)64044283 传真 (010)64027893
冶金工业出版社天猫旗舰店 yjgycbs.tmall.com
(本书如有印装质量问题,本社营销中心负责退换)

前　言

钢材产品的生产工艺是个比较复杂的过程，内含高温还原、氧化的化学冶金，也包括轧制成型的物理冶金。基于各工艺环节的控制复杂性，对于大部分相关从业人员来说，只对某一两个局部的生产工艺较为精通。但当今为了满足终端客户的需求，大型钢铁企业均是对钢坯进行热轧、冷轧及退火等工艺处理，形成最终产品钢材后再进行销售，使得产品的整体生产工艺流程被拉长，因此钢铁企业需要大量懂得钢材生产工艺全流程的专业人员。

本书以板材为例，用最小的篇幅阐述最通用的热轧板材及冷轧退火板材的生产工序关键点，为读者今后深入了解各工序起到引导的作用；简化原理讲述，只介绍与现场生产研发关联较密切的工艺反应和基本原理，尽量少地罗列设备参数及技术细节。

本书以炼钢生产原料——铁水及废钢的生产工艺介绍开始，讲述了炼铁成钢的转炉炼钢工艺、二次微调的精炼工艺、钢水成坯的连铸过程、炼钢各工序衔接的生产组织调度、钢坯成材的热轧工艺（热卷）、进一步"细致"成型的冷轧及连续退火工艺、钢材生产及研发的样品检测方法。书中概括了各工序的组合及衔接要点，最后以45优质碳素结构钢及X65MS（精炼双联工艺）为例总结了热轧板材的全流程一贯制生产研发的具体应用方法，以50W800牌号无取向硅钢为例总结了冷轧退火板材的全流程一贯制生产研发的具体应用方法。

　　本书主要用作冶金工程专业学生了解钢材生产技术全流程的引导书籍，也可作为钢铁企业技术人员及高校科研工作者的参考书。

　　由于作者水平所限，书中不足之处，敬请批评指正。

编著者

2019 年 1 月

目　　录

1　铁水预处理

　　高炉炼铁是最常见的将矿石还原为铁水的炼铁方式，同时也是最稳定的炼铁生产方式，技术成熟的大型高炉容积为 $2000\sim5000m^3$，高炉的最主要功能是为炼钢提供合格的铁水，这里的合格主要包括两个指标，一是铁水要保证在一定温度以上，二是要成分合格。典型的铁水指标如表 1-1 所示。对于部分钢种，还会对硫、钛（钛矿护炉带入）等元素有更高的要求。

表 1-1　合格铁水的指标

成分/%				温度/℃
［Si］	［Mn］	［P］	［S］	≥1250
≤0.85	≤1.0	≤0.100	≤0.070	

　　铁水预处理是指在合格铁水进入转炉炼钢前，对铁水进行先期的处理以去除铁水中的某些杂质元素的过程。根据工艺需要，铁水预处理主要包括预脱硫、预脱硅、预脱磷及预脱钛等，最终目的是为了"解放"高炉、转炉及精炼的部分去除杂质的功能，让高炉主要完成还原铁矿石的功能，转炉主要完成脱碳及升温的功能，精炼主要完成精调成分的功能，从而优化各工序的生产节奏。这些杂质元素的预脱除工艺可以只进行一项也可以同时进行多项。需要注意的是，铁水中硅的氧势低于其他预脱元素，所以为了节省其他元素预脱剂的使用，当进行多项杂质预脱工艺时，应先进行铁水脱硅处理，待硅氧化到一定程度，再进行其他的元素的铁水预处理。本书只讲解目前各大钢铁企业较成熟、较通用的铁水预脱硫工艺，并将在阐述某一钢种的全流程生产技术设计中将其作为必要一环。

1.1　倒罐站

1.1.1　设备主要组成

　　铁水倒罐设备组成如图 1-1 所示，主要包括鱼雷罐、铁水包等。

1.1.2　主要功能及相关原理

　　将鱼雷罐中的铁水倒入铁水包（铁水预处理的反应器），为铁水预处理做准

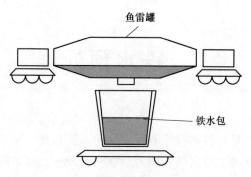

图 1-1 铁水倒罐流程主要设备示意图

备。如包中铁水中的某些成分（如 S 或 Si）不符合炼钢标准，需进行多罐间的混铁。

1.1.3 工艺流程

铁水倒罐的工艺流程如表 1-2 所示。

表 1-2 铁水倒罐工艺流程

序号	工艺步骤	备 注
1	操作前准备	检查铁水包侵蚀情况等
2	鱼雷罐进入倒罐站	同时将铁水包吊入铁水车，开至接铁位
3	鱼雷罐通电	
4	通电旋转鱼雷罐至垂直位后断电，倒铁入铁水包	如果 Si、S 等元素成分不符，需进行不同铁水包间的混铁操作。 混铁的分配元素公式为： $$W_1 = \frac{W(T-B)}{A-B}$$ $$W_2 = W - W_1$$ 式中 W——总铁水量，t； $\quad\quad W_1$——第一种成分需出铁水量，t； $\quad\quad W_2$——第二种成分需出铁水量，t； $\quad\quad T$——要求的铁水成分，%； $\quad\quad A$——第一炉次的铁水成分，%； $\quad\quad B$——第二炉次的铁水成分，%。
5	铁水倒净后，倒出鱼雷罐内余渣，开回炼铁厂	
6	铁水包内达到设定容量，并成分符合要求，吊包去铁水预处理站	

1.2 铁水脱硫工艺

1.2.1 KR 脱硫

1.2.1.1 设备主要组成

KR 脱硫的设备组成如图 1-2 所示，主要包括铁水包、耐火材料搅拌头等。

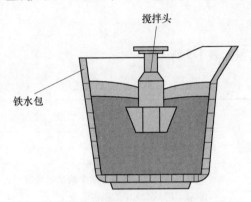

搅拌头

铁水包

图 1-2　KR 脱硫主要设备示意图

1.2.1.2 主要功能及相关原理

KR 法脱硫是一种机械搅拌的脱硫方法，使用耐火材料制成的搅拌头对铁水进行搅拌，通过脱硫剂与铁水的充分接触，从而在较好的动力学条件下达到良好的脱硫效果。其特点是脱硫能力强，可将铁水硫脱至 10ppm 以下[1]。

KR 法一般选用白灰（石灰）作为脱硫剂，典型成分如表 1-3 所示，萤石作为添加剂（改善炉渣的流动性），典型成分如表 1-4 所示，其中白灰占比为 90% 左右，其他为萤石。脱硫反应为：

$$(CaO) + [S] + [C] = (CaS) + CO \tag{1-1}$$

表 1-3　白灰成分及粒度要求

成分/%					活性度	粒度/mm
CaO	SiO_2	S	烧损	水分		
≥85	<6	<0.03	≤2.1	<0.5	≥3000	0.5~1.0

---

❶　$1ppm = 10^{-6}$，下同。

表 1-4 萤石成分及粒度要求

成分/%				粒度/mm
CaF_4	SiO_4	S	P	
≥85	≤16	<0.15	<0.05	0.5~1.0

1.2.1.3 工艺流程

KR 脱硫工艺流程如表 1-5 所示。

表 1-5 KR 脱硫工艺流程

序号	工艺步骤	备 注
1	铁水罐入搅拌位	倒罐站→脱硫站
2	前扒渣	第一次扒渣,目的为减少铁水中的渣子,便于铁水与脱硫剂充分融合,降低铁水中的硫含量
3	铁水液面测量、测温、取样	
4	KR 脱硫处理	搅拌约 10min,参考脱硫剂消耗为 6.0~10kg/t 铁水。搅拌头插入深度约占液面深度的 1/3
5	后扒渣	第二次扒渣(终扒渣),目的为去除残余的脱硫剂,防止铁水"回硫",二次扒渣后保证铁水亮面比例高于 90%
6	测温、取样	铁水成分合格,通知吊包,整体流程大约 40min,整体温降约为 30℃
7	吊包	至转炉

1.2.2 喷镁脱硫

1.2.2.1 设备主要组成

喷镁脱硫的设备组成如图 1-3 所示,主要包括喷枪及铁水包。喷镁脱硫设备的前期投入低于 KR 脱硫,可直接在鱼雷罐中喷镁,脱硫效果略差于 KR 法脱硫,铁水最低硫可达 30ppm。

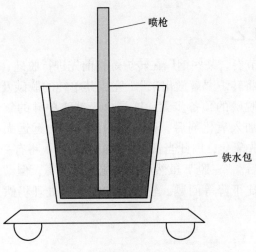

图 1-3 喷镁脱硫主要设备示意图

1.2.2.2 主要功能及相关原理

镁是唯一可以溶于铁水的脱硫剂，喷镁脱硫以 N_2 为载气，以钝化镁粉为主，配合石灰粉/电石粉混合喷吹入预处理铁水内。脱硫原理如下：

$$Mg(s) \rightarrow Mg(l) \rightarrow Mg(g) \rightarrow [Mg] \tag{1-2}$$

$$Mg(g) + [S] =\!=\!= (MgS) \tag{1-3}$$

$$[Mg] + [S] =\!=\!= (MgS) \tag{1-4}$$

1.2.2.3 工艺流程

喷镁脱硫工艺流程如表 1-6 所示。

表 1-6 KR 脱硫工艺流程

序号	工艺步骤	备　注
1	铁水罐入搅拌位	倒罐站→脱硫站
2	前扒渣	可选（脱硫前渣厚大于 150mm 需扒渣）
3	铁水液面测量、测温、取样	
4	喷镁脱硫处理	10min
5	后扒渣	第二次扒渣（终扒渣）
6	测温、取样	铁水成分合格，通知吊包
7	吊包	至转炉

1.3 "三脱"工艺

为了提高生产节奏，某些钢厂在转炉炼钢前先进行脱硅、脱磷、脱硫的"三脱"处理，这样就将转炉"解放出来"，完成其单纯的脱碳及升温功能。铁水脱硅一般作为铁水预脱磷的预备步骤，这是由于铁水中硅的氧势比磷的氧势低得多，当脱磷过程中加入氧化剂后，硅与氧的结合能力远远大于磷与氧的结合能力，所以硅比磷优先氧化，因此当铁水中的硅较高时，将有一部分脱磷剂用于脱硅而使脱磷反应滞后。"三脱"虽然可以优化工序节奏，但"三脱"往往带来铁水的温降高、废钢比下降等问题。较成熟的铁水预处理仍然是只使用铁水脱硫工艺。

2 废钢管理

废钢是转炉炼钢的重要原料,吹炼前使用高的废钢配比,可以降低生产成本,但同时需要铁水拥有较高的温度,且保证废钢的质量。人们往往忽视炼钢工艺中的废钢控制,但对废钢品种的有效管理及合理配比会直接影响钢材成品的性能,因此当一个钢铁企业炼铁工艺较为成熟的时候,废钢分类管理就成了钢材成分调节的关键限制环节之一。废钢的分类标准可根据钢铁企业实际情况,自行制定,下面仅给出较为通用的参考标准。

2.1 废钢品种及质量标准

2.1.1 外购废钢

外购废钢品种的详细分类如表 2-1 所示。

表 2-1 外购废钢分类标准

外购废钢品种	质量控制标准	外观照片
统料型废钢	厚度:≥2mm(其中 4mm≤厚度<6mm 为优质统料型废钢); 长度:≤700mm; 单重:1~100kg	
重型废钢	厚度:≥10mm; 长度:≤700mm; 单重:20~500kg	
中型废钢	厚度:≥6mm; 长度:≤700mm; 单重:10~300kg	

外购废钢品种	质量控制标准	外观照片
低硫废钢	S≤0.015%，要求单一品种； 厚度：≥2mm； 长度：≤700mm； 单重：1~300kg	

另外，各类型外购废钢中，单件满足厚度不小于 4mm、长度不大于 700mm、单重为 10~300kg、S≤0.040% 的，统一归为优质废钢品种。外购废钢中除优质废钢及低硫废钢均可归为外购普通废钢。

2.1.2 内部回收废钢

内部回收废钢的详细分类如表 2-2 所示。

表 2-2 内部回收废钢分类标准

内部回收废钢品种	质量控制标准（可手选或加工，加工可选用切割、破碎、打包等方式）			外观照片
普通回收废钢	中间包铸余：长度≤500mm，厚度及宽度根据炼钢厂铸余实际情况确定，单重≤500kg； 钢坯切头切尾：长度≤500mm，厚度及宽度根据炼钢厂钢坯实际情况确定，单重≤500kg； 热轧内部回收废钢：长度≤1000mm，厚度及宽度根据热轧厂实际情况确定，单重≤500kg； 冷轧内部回收废钢：长度≤1000mm，厚度及宽度根据冷轧厂实际情况确定，单重≤1000kg			 热轧板头

项目	尺寸		单重/kg
	长度/mm	厚度及宽度	
中间包铸余	≤500	根据炼钢厂铸余实际情况确定	≤500
钢坯切头切尾	≤500	根据炼钢厂钢坯实际情况确定	≤500
热轧内部回收废钢	≤1000	根据热轧厂实际情况确定	≤500
冷轧内部回收废钢	≤1000	根据冷轧厂实际情况确定	≤1000

内部回收废钢品种	质量控制标准（可手选或加工，加工可选用切割、破碎、打包等方式）	外观照片
渣钢	块状渣钢： 厚度≥200mm、宽度≤300mm，长度≤500mm，单重≤500kg； 厚度<200mm、宽度≤700mm，长度≤700mm，单重≤500kg 粒装渣钢：粒径 20~250mm （见下表）	
精炼用调温废钢	选用热轧切头切尾后的边角废料，按成分分为以下两个等级： （见下表） 外观要求：干净、干燥、无油、无异物、无锈、无飞边	
特殊回收废钢	可根据成分要求分类，如低硫类废钢（S≤0.015%）、低碳类废钢、高铜镍废钢及其他特殊成分钢种的废钢，不分工序统一回收	 硅钢切边 （低硫废钢）
其他回收废钢	废轧辊及其他非生产回收废钢	

渣钢尺寸表：

项目	尺寸/mm			单重/kg
	厚度	宽度	长度	
块状渣钢	≥200	≤300	≤500	≤500
	<200	≤700	≤700	
粒状渣钢	粒径：20~250			

精炼用调温废钢成分表：

类型	成分/%					加工尺寸/mm
	C	Si	Mn	P、S	Ni、Cr、Cu、Mo	
低碳调温废钢	≤0.10	≤0.10	≤0.60	≤0.02	≤0.20	长≤40，宽≤40，厚 20~40
普通调温废钢	≤0.30	≤0.55	≤1.60	≤0.05	≤0.30	

2.2 废钢回收工艺流程

2.2.1 废钢回收流程

2.2.1.1 汽运废钢

凡用机动车辆运送废钢铁进厂的，需经进厂过磅初验再经废钢作业区验收回空计量。汽运废钢流程如图 2-1 所示。

流程中，"送料"为持签发的"废钢送货签认单"送废钢材。"过重"指由质量检验工进行监磅，检查进货车辆的车底，司机室有无杂物。过磅计量后，填写"废钢验收签认单"，写清总重量，磅单号、车号、过磅时间、车型及颜色，质量检验工将签认单留存。"卸车"指送废钢的车辆进入废钢作业区后，废钢作业区质量检验工检查"废钢铁验收签认单"，并与车辆实物核对，无误后通知指吊工指挥卸车。"扣罚"指卸车时，质量检验工严格按照相关的"废钢铁采购标准"执行检查。在判级的同时对废钢中混有轻薄料、杂铁按实际数量扣罚。"签收"指废钢作业区质检确认无误，质检工将检查结果如实详细填入"废钢送货验收签认单"，加盖废钢验收章。"过空"是指交完货后的空车过磅。流程为：核对车型、车号，复检车底、司机室，审核废钢作业区质量检验工签认情况，审核无误后，签磅单留存。

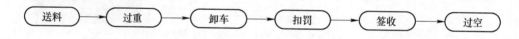

图 2-1　汽运废钢流程图

2.2.1.2 火运废钢

火运废钢即指火车运送废钢，整体流程除过空环节，基本与汽运相同，流程如图 2-2 所示。另外应编订专门针对火运的"火运废钢验收签认单"。

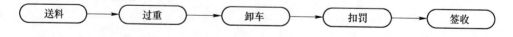

图 2-2　火运废钢流程图

2.2.2 外购废钢扣罚标准及典型质量问题

卸车前发现废钢中混有轻薄料、杂铁（指灰口铁、白口铁、铸铁管件等）

达整车 20%以上拒收；废钢中查处的危险品（毒气皿、化学物质等），每发现 1 件扣罚废钢 1t（参考扣罚量）；对汽、火运进厂废钢中混有爆炸物（雷管、炸药、炸弹、子弹、手榴弹、地雷、手雷、火箭炮弹、火箭筒、爆破筒、迫击炮弹、引信、弹壳等），每查出 1 件罚扣废钢 2t；废钢中混有密封容器的（煤气罐、瓦斯筒、水箱、油桶、气瓶、灭火器、甲烷气罐、喷发胶罐及密封管状物），每查出 1 件扣罚废钢 2t（参考扣罚量）；废钢中混有有害杂质包括金属杂质（铜、铅、锡及锌等）和非金属杂质（砖、瓦、沙、石、水泥结块、玻璃、皮革、油脂、棉纱、胶皮及塑料制品等）的，按实际重量扣罚，对查处的有害物质超过一件以上累计计算，当按累计数量核减的吨数达整车废钢实重时整车没收；废钢中混有放射性物质和掺杂使假的全车废钢拒收。外购废钢的典型质量问题如图 2-3 所示。

外购废钢中带有违禁物件　　　　外购废钢中带渣土、渣块等杂物

外购废钢人为掺假

图 2-3　外购废钢的典型质量问题

2.3　废钢供应工艺

2.3.1　废钢供应流程

给转炉炼钢工序的废钢供应流程如图 2-4 所示。最关键的内容为废钢配比的核准及废钢作业区废钢数量的核减记录。

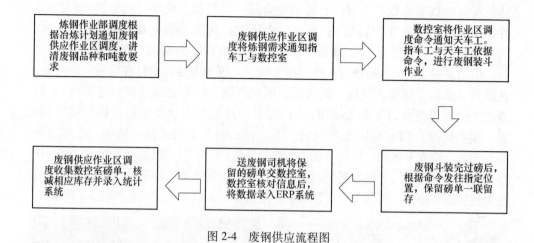

图 2-4　废钢供应流程图

2.3.2　废钢品种配比规定

废钢比一般为 10%，在铁水条件变化的情况下，可适当调整。

2.3.2.1　普通钢种废钢配比

普通钢种的推荐废钢配比如表 2-3 所示。

表 2-3　普通钢种的推荐废钢配比计算标准

废钢加入量：A t/炉 转炉容量：B t	内部回收		外购普通废钢		
	渣钢	自产铁块	统料型废钢	重型废钢	中型废钢
	$B×10\%×50\%$	$B×10\%×25\%$	$(A-B×10\%×75\%)×50\%$	$(A-B×10\%×75\%)×25\%$	$(A-B×10\%×75\%)×25\%$

2.3.2.2　品种钢的废钢配比

品种钢的废钢配比如表 2-4 所示。每种废钢的具体使用比例可根据各钢厂自身的冶炼水平及内部回收废钢的情况而定。

表 2-4　品种钢的废钢配比

适应钢种	工艺路线	废钢品种分类				
		本钢种特殊回收	渣钢	优质废钢	普通回收废钢	低硫废钢（外购及内部回收）
DX51D、DC01、DC03	RH		10%	10%	80%	

适应钢种	工艺路线	废钢品种分类				
		本钢种特殊回收	渣钢	优质废钢	普通回收废钢	低硫废钢（外购及内部回收）
X70、X80、L555MB、S485、X65MS、X52MS	RH+LF					100%
510L、420L、车轮轮毂及轮辐用钢、A572G65、SPA-H、J55	CAS/RH/吹氩站					100%
高强汽车板、SPHC-P	RH					100%
高强汽车板中高磷钢种	RH		≤20%			≥80%
硅钢	RH	≥75%				≤25%
以上未涉及钢种：成品 S≤0.012%						100%
以上未涉及钢种：成品 0.012%<S≤0.015%			10%	10%	80%	

2.3.2.3 废钢品种的替代

当某种废钢资源出现短缺时，可以用下面顺序进行替代（前者可以替代后者）：本钢种废钢→低硫废钢→普通回收废钢→优质废钢→渣钢→外购普通废钢。

3 炼 钢

与后续的热轧、冷轧及连退等生产线相比，炼钢工序是个立体化作业流程，其布料系统、排烟除尘系统、转炉、精炼炉及连铸设备（大包（钢包）—中间包—结晶器—冷却系统等）等设备分别分布在不同高度的平台上。钢水在不同处理工序间的转移通过钢包的吊运来实现。板坯的炼钢生产工艺顺序一般为：转炉→二次精炼→板坯连铸。

3.1 炼钢基本反应及原理

本节包括的反应及原理不仅仅针对炼钢过程中，同时也适用于铁水预处理中"三脱"的反应过程。

3.1.1 硅的氧化

由于硅与氧有非常强的亲和力（氧势低），因此在转炉炼钢初期硅就被氧化。主要反应如下：

$$[Si] + 2[O] = SiO_2 \tag{3-1}$$

$$[Si] + 2FeO = SiO_2 + 2[Fe] \tag{3-2}$$

3.1.2 锰的氧化

锰在钢中的氧化是典型的渣—钢液/铁液间的反应。主要反应如下：

$$[Mn] + [O] = (MnO) \tag{3-3}$$

$$[Mn] + (FeO) = (MnO) + [Fe] \tag{3-4}$$

3.1.3 脱碳反应

"变"铁为钢就是通过脱碳反应实现的，因此其为转炉炼钢中最重要的反应。主要反应如下：

$$[C] + \frac{1}{2}O_2 = CO \tag{3-5}$$

$$[C] + [O] = CO \tag{3-6}$$

$$[C] + (FeO) = CO + [Fe] \tag{3-7}$$

值得注意的是，[C] 通过式（3-6）进行的反应，其氧势随着温度的增高而降低（氧势图中斜率为负），而其他元素的氧势均随温度的上升而增高。这表明只要温度足够高，所有元素都可以被碳还原。

对于部分超低碳钢种，需要使用 RH 精炼，进行真空循环脱碳，氧主要来源于转炉吹炼后钢水中富余的溶解氧，如钢包到精炼站时，钢水内溶解氧不足以使 C 降到目标 C 所用，则需使用顶部氧枪补吹氧进行强制脱碳。

3.1.4 脱磷反应

对大部分钢种来讲，磷是钢中的有害元素，它的存在会增加钢的冷脆性，需在转炉吹炼或铁水预处理时予以脱除。主要反应如下：

$$2[P] + 4(CaO) + 5(FeO) \Longrightarrow (4CaO \cdot P_2O_5) + 5[Fe] \qquad (3-8)$$

3.1.5 脱硫反应

硫也是钢中的有害元素，它的存在会增加钢的热脆性。转炉中的脱硫反应原理与铁水预脱硫反应基本相同，如式（1-1）所示。

3.1.6 脱气反应

炼钢过程中，会夹带一些氮气、水汽，高温作用下溶解于钢液，使钢中的 [N]、[H] 增加。使用转炉或精炼的顶吹氧枪进行脱碳，生成的 CO 气泡，可将溶解于钢中的 [N]、[H] 生成 H_2 及 N_2 分子，并随着 CO 气泡被带走；另外，转炉、钢包的底吹氩及 RH 真空循环同样也有脱气的功能。脱气过程中所带来的钢水循环流动，同时也能促进非金属夹杂物的脱除。

3.1.7 脱氧反应

转炉炼钢过程后会使钢中的溶解氧达到比较高的值（几百 ppm），若钢中溶解较多的氧，那么其凝固后氧会以铁氧化物、氧硫化物等形式在 γ 相或 α 相的晶界析出并富集，从而使钢易产生晶界脆性。部分含碳较高的钢种中还会在钢中夹带 CO 气泡，造成钢的组织疏松、质量降低。另外，氧的存在还会影响钢的热脆、塑性及耐腐蚀性等。

脱氧反应可用式（3-9）表示。脱氧可采用三种方式：沉淀法、扩散法及真空法。沉淀法是指向钢液中加入某种脱氧剂（氧势低），形成稳定的氧化物，利用自身浮力或气泡的运输进入渣中从而去除；扩散法是指通过向渣中加入脱氧剂来降低渣中 FeO 浓度，从而形成渣—钢间的 FeO 浓度梯度，使溶解氧从高 FeO 浓度的钢液中传输到低 FeO 浓度中的渣中，从而得以去除；真空法是指利用真空降低钢液界面的 CO 平衡分压，从而脱除钢液内的 [O] 及 [C]。扩散法脱氧速率较低；真空法主要应用在冶炼超低碳钢种时的脱碳中（RH 精炼），为了保证碳脱除的干净，需要保证钢中有"过量"的氧，因此会有氧残余，残余氧再通过合金氧化（沉淀法）得以脱除。

因此在实际生产中，使用最普遍的钢水终脱氧方法是沉淀法。沉淀脱氧可在两个工艺环节中进行，一是在转炉炼钢后出钢过程中，这样做可以利用出钢过程强大的搅拌力，也为后续的精炼留下了富余的冶炼周期，一般采用铝铁作为脱氧剂，加入参考量为 4.0kg/t 钢水，但由于直接暴露在空气中，其收得率会受到一定的影响；二是在精炼过程中，如上所述，一般超低碳钢种使用这种方式，使用 RH 精炼，在 RH 处理前要保证一定量的［O］以供脱碳使用，脱碳结束后，多采用纯铝作为脱氧剂，加入参考量为 15kg/100ppm 溶解氧；部分高 Si 钢种可采用低碳硅铁脱氧（同时调 Si），加入参考量为 40kg/100ppm 氧。

$$\frac{x}{y}[\mathrm{M}] + [\mathrm{O}] =\!=\!=\!= \frac{1}{y}(\mathrm{M}_x\mathrm{O}_y) \tag{3-9}$$

式中，M 为脱氧元素（一般为铝合金或硅合金）。

3.1.8　脱除夹杂

钢中的非金属夹杂物，对钢材的疲劳性能、延伸率、断面伸缩率、冲击韧性及加工性能等均有一定的影响，为消除这些影响，钢的冶炼过程中需要对夹杂物予以控制和脱除。一般采用下面几种方法：

（1）炼钢全流程钢中氧含量的控制，特别是精炼及连铸过程中保证钢水中溶解氧含量不增高（脱氧后），这可防止内生夹杂物的增加；

（2）炼钢全流程底吹，给脱氧产物及其他夹杂物的上浮脱除提供良好的动力学条件；

（3）如精炼走 RH 工艺，脱氧及合金化后保证一定的真空循环时间；

（4）中间包内保证合理的流场，给夹杂物去除提供有利条件；

（5）利用结晶器电磁搅拌（M-EMS），使浇铸过程中结晶器内具有良好的钢水搅拌效果，从而脱除夹杂物；

（6）通过调整顶渣成分，控制脱氧条件，使钢液脱氧产物组成分布在多元塑性区，从而易于随钢水流动并脱除；

（7）使用钙处理，使钢中产生富余的［Ca］与脱氧产物 $\mathrm{Al_2O_3}$ 反应，形成低熔点液态夹杂物（同时有效改善水口堵塞——"套眼"），从而更容易上浮去除；

（8）通过严防炼钢出钢下渣及结晶器保护渣卷入等，从而尽量杜绝钢中外生夹杂物的产生。

3.1.9　合金化

合金加入一般安排在脱氧完成后，最先加入硅铁或铝合金等脱氧剂，脱氧的同时完成这两种合金成分的调整，再加入其他合金调成分。合金的加入一般按照"先强后弱"（合金元素与氧结合的强弱程度）的顺序，如：铝铁（铝粒）→硅铁→锰铁，这样可在最开始使脱氧较为彻底，提高后续添加合金元素的收得率，同时延长对脱氧产物 Al_2O_3 的搅拌时间，利于其脱除，从而防止水口堵塞。贵金属一般放在后面加入，这样可以尽可能地减少它们的烧损。部分钢种为了降低钢中 Al_2O_3 夹杂产生的数量，可以采用先加硅脱氧，充分搅拌（循环）后，再加铝的合金加入方式。某些钢种的某种合金成分范围要求较窄的情况下（如取向硅钢中硅和酸溶铝），可以在精炼过程中采用多次调合金成分的方式。对铜、镍等与氧亲和力很低的合金可在转炉装入废钢时一起加入。

合金的加入量可参考式（3-10）。计算增碳剂加入量时应考虑其他合金带入的碳量。铝的加入量可根据式（3-11）计算：

$$合金加入量(kg) = \frac{(本钢种元素目标值\% - 加入合金前元素含量\%) \times 钢水量(t)}{元素的收得率 \times 合金元素含量\%} \times 1000$$

$$（3-10）$$

$$Al = (1.125\%[O] + \Delta\%[Al])W/(yp) \qquad （3-11）$$

式中 $\Delta\%[Al]$——铝的实际浓度与目标浓度之差；

$\quad\%[O]$——钢水中的自由氧含量；

$\quad W$——钢水重量；

$\quad y$——铝在钢水中收得率；

$\quad p$——铝的纯度。

常用合金的收得率可参考表 3-1 中数值进行计算。

表 3-1 常用合金的收得率

合金名称	高碳锰铁	低碳锰铁	高碳铬铁	低碳铬铁	铝粒	镍板	铌板	硅铁
收得率/%	90	95	100	100	75	100	95	90

合金名称	增碳剂	钒铁	钼铁	钛铁	磷铁	铜板	硅锰合金	
收得率/%	95	100	100	85	95	100	90	

3.1.10 过程温降/升

从转炉炼钢开始到连铸生产出板坯为止，以致多炉连浇，整体的生产调度就是围绕着各工序的"温度"及"时间"的匹配。铁水温度一般约为1300℃，转炉炼钢到出钢温度提升约为400℃，钢包从转炉工位吊至精炼工位钢水温度降低约60℃，到精炼结束温度降低约40℃，到浇铸温度降低（中间包温度）约为

50℃。钢水镇静期间温降约为 0.5℃/min，新包、离线包等非正常周转钢包温降需考虑提高 5~10℃。一般连浇第二炉及以后各炉的各流程钢水温度比第一炉可低约 5℃。

合金的加入会带来钢水温度的变化，常用合金调整带来的温降/升参考如表 3-2 所示。表中的数值表示的是在 100t 钢水中每加入 1kg 该合金所导致的钢水温降/升值。

表 3-2　常用合金调整带来的温降/升参考表（100t 钢水）

名称	增碳剂	中碳锰铁	低碳锰铁	硅铁	钛铁	铝粒	调温废钢
温降/℃·kg^{-1}	−0.0588	−0.0273	−0.0231	0.0063	−0.0021	0.00525	−0.01914

注：铝脱氧导致钢液的温升，每脱 100ppm 的氧能使钢水温度升高约 4℃。

3.2　转炉炼钢（BOF）

3.2.1　设备主要组成

转炉设备组成如图 3-1 所示，主要包括可倾动的转炉本体（含出钢口）、顶吹氧枪及底吹系统。一般在转炉顶部还会有烟气回收及分析装置。

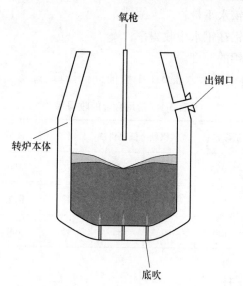

图 3-1　转炉主要设备示意图

3.2.2　主要功能及相关原理

转炉炼钢的基本功能为脱碳、脱磷、脱硫、提高温度、调合金成分、去气、去夹杂、脱氧。如果进行铁水预处理并用精炼完全替代转炉的相应功能，转炉炼钢的功能可简化为单纯的脱碳及升温。

转炉炼钢的基本原理为：通过顶吹氧枪的高强度供氧，使转炉内形成强搅拌环境，达到良好的反应动力学状态，使铁水中的碳（[C]）氧化生成 CO 及 CO_2 从而得以去除，将铁炼为钢，另外转炉中还会发生硅、锰、磷及硫等元素的氧化反应，通过在钢水中及渣—铁液间的反应得以去除或"返回"。相关原理可参考 3.1 节中关于脱碳反应、各元素的氧化反应及脱磷脱硫反应的阐述。

吹氧、搅拌、造渣、合金化是完成炼钢任务的基本手段。

吹氧的氧气量根据铁水量、铁水中各元素量等计算得出，吹氧时间一般为 15~20min，供氧流量变化通过变枪位实现，同时通过顶底复吹实现强搅拌效果。

造渣的目的是去除钢水中的硫和磷、降低喷溅、控制终点氧含量及保护炉衬。造渣料主要为石灰，根据铁水中的磷、硫、硅含量，确定石灰的加入量，同时调整炉渣碱度。辅助渣料还有萤石、轻烧白云石、化渣剂等，用以加快炼钢初期化渣成渣。矿石、氧化铁皮及生白云石可作为冷却剂。遇到炉渣外溢时，一般加白灰和轻烧白云石压溢。

如果不冶炼超低碳钢种，均可在转炉出钢阶段进行钢水的合金化。

3.2.3　转炉炼钢工艺

转炉炼钢工艺流程如表 3-3 所示。

表 3-3　转炉炼钢工艺流程

序号	工艺步骤	备　注
1	原料入厂	原料入厂核定规格：铁水、造渣剂、废钢及铁合金等
2	原料配比	先将废钢斗中废钢导入转炉，再将铁水包中铁水兑入转炉 铁水、废钢配比及废钢分类配比
3	装料	
4	吹炼	氧枪枪位控制包括：液面测定、液面高度计算、氧枪枪位设定 供氧及氧量计算、造渣剂计算及加入、温度设定、终点 [C] 设定及底吹控制和动态控制
5	调整	取样、出钢判定、是否后吹及调温
6	出钢	出钢口管理 　挡渣出钢（现代大型钢厂多采用滑板挡渣方式，通过红外摄像机实现下渣的自动检测），挡渣出钢是生产纯净钢的必要手段之一。其目的是便于准确控制钢水成分，有效地减少钢水回磷；提高合金元素吸收率，减少合金消耗；有利于降低钢中夹杂物含量，提高钢包精炼效果；同时还有利于降低对钢包耐火材料的蚀损。 合金投入计算

序号	工艺步骤	备　注
7	溅渣护炉	转炉出钢以后，通过氧枪向炉内稠化的炉渣喷吹高压氮气，溅起炉渣使炉衬形成炉渣涂层，从而提高炉龄，降低耐火材料消耗，开吹时加入轻烧白云石或生白云石，炉渣控制要求为"早化渣，化好渣，溅得上，耐得住"。 终渣控制：碱度 $R = 3.2 \sim 3.6$，$MgO = 9\% \sim 13\%$
8	倒渣	
9	转炉维护	炉底修复及更换出钢口等
10	钢包运行至吊包位，吊包	

3.2.4　自动控制模型

当代大容量转炉炼钢的自动控制一般采用静态模型与动态模型相结合的方式。即利用静态模型进行主原料、副原料（熔剂）、吹氧量等的基本计算，在吹炼末期使用动态模型进行修正，从而确保终点命中目标。在转炉炼钢过程中的吹炼控制也是自动化炼钢中的重要一环。

3.2.4.1　静态模型

A　主原料计算

从生产计划中获取将进入吹炼的炉次，计算机根据所指定的钢种和钢水重量计算所需要的主原料重量（铁水及废钢重量），作为设定值发送给基础自动化终端进行称量控制。

在主原料进行计算时，需选定废钢模式，还要考虑生产标准中的有关数据：吹炼结束时的目标碳含量和目标温度、铁水数据（铁水预处理后所测得）、计划的钢水重量等。根据钢种的要求选择熔剂组号，计算终渣成分。根据终渣的成分和铁平衡、热平衡、氧平衡，确定最终的铁水和废钢量。

B　副原料的计算

副原料管理包括各种副原料的投入总量，各批料的投入时间和各批料的重量的计算。同时，收集实际数据，其中包括考虑终渣的成分要求和渣量。根据副原料计算，求得各种副原料的投入量，各投入阶段的各种副原料的投入量。然后，计算机将上述计算结果及各批料的称量时间和开始投入时间发送至基础自动化终端。基础自动化终端根据计算机的设定值进行称量和向转炉投料。

在每一次主原料计算完毕后，计算机将根据计算结果自动进行副原料计算，现场技术人员也可以要求计算机进行多次副原料计算。另外，相关事件也可自动触发副原料计算。副原料计算的基础数据来自生产制造计划、主原料数据、生产标准、成分数据及现场技术人员的修正数据。

C 吹氧量计算

模型中设置氧气量模块，目的是计算达到目标含碳量所必须吹入的氧气量。氧气量计算是在主原料和副原料计算完成后，由计算机自动进行计算，相关事件也可自动触发该计算，现场技术人员通过人机画面也可对氧气量进行多次计算。氧气量计算的基础数据来自主原料数据、生产标准、成分数据及现场技术人员的修正数据。在吹炼结束后，该模块将根据该炉次的实际冶炼数据进行静态自学习计算，并更新参考炉次的数据。

3.2.4.2 动态模型

在根据静态模型计算设定值进行的转炉炼钢过程吹炼的末期，计算机将设定降低氧气流量，同时指令副枪下降，进行测温取样。计算机系统将接收副枪测量的实际吹炼数据（钢水温度及含碳量等），并据此判定是否能够直接命中吹炼目标。如果计算终点能够直接命中吹炼目标碳-温度（[C]-T），即静态模型终点命中，则不需要校正控制，继续完成吹炼过程。如果测量结果计算出吹炼终点不能直接命中，计算机系统将根据测量结果和钢种的目标值，计算出需补吹的氧气量和需加入冷却剂的设定值，发送给基础自动化控制执行，以校正吹炼过程，达到终点碳-温度（[C]-T）的靶内。动态模型的调整过程可见图3-2。

3.2.4.3 副枪系统

副枪是自动化炼钢必备的重要设备，是转炉模型实现动态控制的"眼睛"。因此，有必要专门介绍。

副枪系统包括副枪本体设备和副枪自动化控制系统两部分，如图3-3所示。副枪本体设备包括副枪枪体、副枪升降小车、升降传动装置及旋转机构、副枪枪体旋转矫直机构、副枪探头、副枪密封刮渣装置、副枪探头存储装卸机构等装置。副枪自动化控制系统由副枪检测系统和副枪PLC控制系统组成。副枪控制系统应与铁水预处理、炼钢主副原料、氧枪、复吹、精炼PLC系统相联系，实现计算机控制炼钢。

在转炉炼钢吹炼过程的后期（供氧量达85%），副枪使用TSC探头开始第一

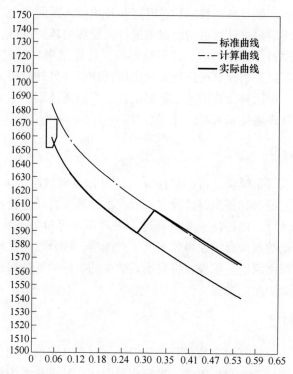

图 3-2　转炉动态控制模型终点控制示意图

次测量（测温、定碳和取样），动态控制模型根据副枪测量的结果对吹炼前静态控制模型（物料平衡、热平衡及氧平衡等）计算的数据进行校正，同时实时预测钢水的温度和碳含量。当预测值进入吹炼终点目标范围，发出提枪停吹指令。吹炼停止后，副枪使用 TSO 探头开始第二次测量（测温、定氧和取样），终点碳含量由活度氧计算得到。同时 TSO 探头在测量结束后通过钢液/渣的界面时，钢液温度和氧活度产生跃变，能快速计算出熔池钢液位。

3.3　二次精炼（SR）

所谓二次精炼（炉外精炼）就是将经转炉初步炼得的钢水经另一个或两个反应器再次进行精炼的过程，也简称为精炼。根据生产要求的不同，二次精炼炉可同时或部分具备以下功能：调温、脱氧、合金化（含微调成分）、脱硫、脱碳、去夹杂物、去气。精炼中所用的钢包即为转炉出钢所用的钢包。

3.3.1　CAS/吹氩站

3.3.1.1　设备主要组成

CAS 设备组成如图 3-4（a）所示，主要包括浸渍罩、钢包、底吹氩系统、

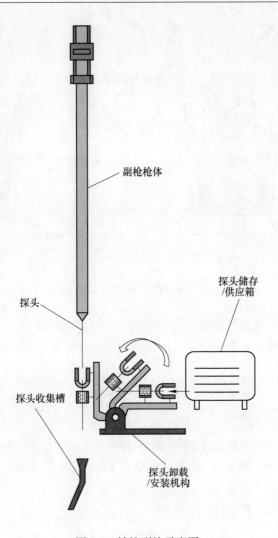

图 3-3 转炉副枪示意图

下料系统及顶部氧枪 (CAS-OB); 吹氩站设备主要包括钢包及底吹氩系统, 如图 3-4 (b) 所示。

3.3.1.2 主要功能及相关原理

CAS 的主要功能是均匀钢水成分和温度、调温、合金化及去气和夹杂。

CAS 精炼的原理为: 在处理时, 先用底吹氩气使钢液面吹出一个无渣区域, 然后下浸渍罩插入钢液并罩住无渣区域, 使合金直接加入钢水中, 并与大气隔离, 从而降低合金的损失, 提高收得率。

如图 3-4 所示, 吹氩站实际就是简化版的 CAS, 没有浸渍罩, 因此其合金化

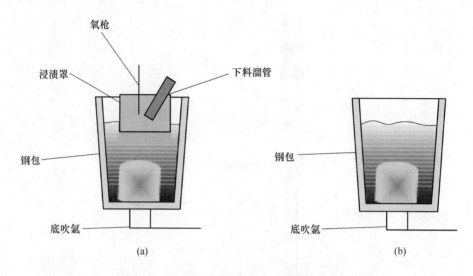

图 3-4　CAS（a）/吹氩站（b）设备组成示意图

功能受到限制，只能使用破渣壳后的喂丝法进行合金的调整。由于没有浸渍罩的隔离，合金的收得率会受到影响，因此吹氩站往往不进行合金调整。

3.3.1.3　CAS 的其他功能

A　化学升温

CAS 的化学升温功能需要用到 CAS-OB。CAS-OB 是在 CAS 法基础上发展起来的，OB 为 Oxygen Blowing 的缩写，即在 CAS 工艺的基础上增加了顶枪吹氧工艺。

其加铝量可按下式计算：

$$加铝量 = 0.03 \times 钢水量 \times 升温幅度 \tag{3-12}$$

式中，加铝量的单位为 kg，钢水量的单位为 t，升温幅度的单位为℃。

式中升温幅度（℃）可由下式确定：

$$\Delta T_{升温幅度值} = T_{目标} - T_{开始} + T_{过程温降} + T_{合金温降} \tag{3-13}$$

按上式可计算出不同钢水量下钢水温度升高 1℃所需的纯铝量，典型值如表 3-4 所示。

表 3-4　不同钢水量下钢水温度升高 1℃所需的纯铝量

钢水量/t	100	200	300
铝粒量/kg	3.0	6.0	9.0

吹氧量计算由下式确定：

$$吹氧量 = 1.0 × 加铝量 \tag{3-14}$$

式中，吹氧量的单位为 Nm^3。

B 钙处理

钙处理工艺是指使用喂丝机（密度较低的合金更适合用喂丝法），通过向钢水内喂入硅钙线/纯钙线，从而改变高熔点的铝氧化物夹杂物组成，形成低熔点的 Ca-Al 基夹杂物。钙处理工艺主要是为了改善钢液的浇铸性能，减轻中间包及大包水口堵塞问题，保证连铸顺利进行，进而提高每浇次的连铸炉数。在精炼处理的末期，将钢包车开至喂线位，开始喂线，如图 3-5 所示。

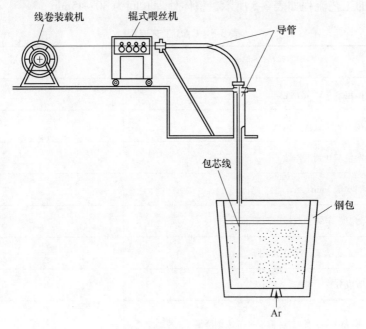

图 3-5 喂丝设备与工艺

钙处理的喂线量，即硅钙线/纯钙线的加入量（质量 M_{Si-Ca}，kg；长度 L_{Si-Ca}，m）由下式估算：

$$M_{Si-Ca} = \frac{M_s}{ay} \left[1.26 × 10^{-4} w[Al]^{\frac{2}{3}} + 9.09 × 10^{-7} (O_T - 0.174 w[Al]^{-\frac{2}{3}}) \right] \tag{3-15}$$

$$L_{Si-Ca} = \frac{4}{\pi D_{Si-Ca}^2} \frac{M_{Si-Ca}}{w[Si]\rho_{Si} + w[Ca]\rho_{Ca}} \tag{3-16}$$

式中　M_s——钢包中钢水的总重量，kg；

　　　a——在硅钙线/纯钙线中 Ca 的质量百分数，一般为 30%左右；

　　　y——钢水中 Ca 的收得率，通过试验可得；

　　D_{Si-Ca}——硅钙线/纯钙线的直径，一般为 15mm 左右；

　ρ_{Si}，ρ_{Ca}——分别为 Si 及 Ca 的密度，kg/m³。

　　钙处理后需进行软吹（以达到渣面蠕动而不裸露钢液面为标准，底吹参考流量为极限值的 1/10），软吹时间不低于 10min，精炼周期相应延长；同时考虑温降，镇静温降一般按 0.5℃/min 考虑。

3.3.1.4　工艺流程

　　CAS 的工艺流程如表 3-5 所示，整体处理时间为 30~45min。

表 3-5　CAS 工艺流程

序号	工艺步骤	备　注
1	吊包至 CAS 站钢包车	
2	接通底吹氩管、试气	
3	钢包车开到工作位	
4	底吹氩 3min	
5	测温、定氧、取样、测液面	
6	开始底吹氩，浸渍罩下降	
7	等成分	
8	测得钢水温度>目标温度→加废钢降温 测得钢水温度<目标温度→吹氧加铝粒升温	
9	合金化	
10	均匀温度、成分	
11	测温、定氧、取样	不合格则重复调温、调成分过程
12	浸渍罩升到上极限位	
13	吊包	

3.3.2 RH

3.3.2.1 设备主要组成

现代大型钢铁企业使用的RH精炼炉的设备主要组成可由图3-6所示，主要包括真空室、浸渍管、钢包、底吹氩、下料系统及顶部氧枪（RH-KTB/TOP）。

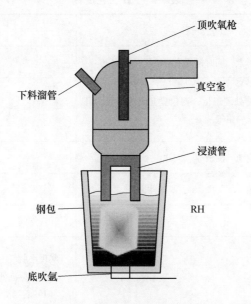

图 3-6 RH 设备组成示意图

3.3.2.2 主要功能及相关原理

RH炉精炼也就是真空循环脱气精炼法。RH精炼的功能基本可涵盖上文所述的二次精炼炉的所有功能，但其功能主要突出其强大的真空脱碳功能，可使钢水中［C］降至20ppm以下，是冶炼超低碳钢的必备精炼手段，如需进一步脱硫需配喷粉脱硫装置，但此项功能一般不作为RH的主要功能。

如图3-6所示，RH精炼炉的工作原理为：在进行真空脱气时，将真空室下部的两根浸渍管浸入钢水液面500mm以下，开启真空泵将真空室抽成真空，这时真空室内外形成压差，钢液从两根浸渍管内升到相同的高度。两根浸渍管分为一根上升管和一根下降管（任意选择），在上升管中向钢液吹入驱动气体（氩气或氮气），钢液体积密度降低，利用"气泡泵"原理，上升管中的钢液上升进入真空室，由于真空室高度足够高，真空室内钢液中反应生成的气体（含钢液自带的N、H等气体元素）被抽出，脱气后的钢液密度增高，从下降管流回钢包中。

上升管内不断吹入驱动气体，上升管下部的钢液被不断抽入真空室，再下降回钢包中，形成循环。

3.3.2.3　工艺流程

RH 工艺流程如表 3-6 所示，整体处理时间为 40~60min。

表 3-6　RH 工艺流程

序号	工艺步骤	备注
1	钢包吊入钢包车上，同时接通底吹氩气，预吹氩	
2	钢包车运行到待处理工位，钢包提升至等待位，环流气体切换：氮气→氩气	
3	测温、定氧、定氢、测渣厚、取样	
4	钢包升至处理位	
5	抽真空	开真空阀
6	RH 真空处理	实现终脱氧、调合金、调温度功能 有 5 种标准处理模式可选： （1）普通处理模式； （2）轻处理模式； （3）脱气处理模式； （4）自然脱碳处理模式； （5）强制脱碳处理模式
7	破真空	关真空阀，如是双工位 RH，移动弯管至另一工位，重复前面的工艺流程
8	下降钢包，环流气体切换：氩气→氮气	
9	运行钢包到加保温剂位（喂丝位）	同时可喂丝（钙处理）、加保温剂及软吹
10	钢包运行至吊包位，吊包	

3.3.2.4 RH 其他功能

A RH 的化学升温

RH 的化学升温需要使用 RH-KTB/RH-TOP 工艺，RH-KTB/RH-TOP 即在 RH 真空室顶部安装水冷氧枪，从而在需要时向真空室内的钢液供给氧气的工艺方法。

当 RH 处理前的实际测量温度低于 RH 处理前目标温度 10℃ 以上时，须使用顶部氧枪进行升温，化学升温幅度值一般不超过 20℃。

对出钢过程中已脱氧钢种的钢水（目标成分含碳）进行升温时，吹氧之前进行加铝，加铝量应确保吹氧升温结束后钢水中的铝在目标中限值左右，以防止钢水的过氧化及真空室耐火材料的过度熔损；未脱氧钢种的钢水进行化学升温时，先吹氧，等脱碳结束后再加入铝粒脱氧进行化学升温。

升温过程为减少钢水喷溅，提升气体流量不宜控制过大；吹氧升温结束后的纯循环时间不少于 4min，吹氧量较多时应适当延长纯循环时间，以保证夹杂物的充分上浮；化学升温过程中应考虑到 Si、Mn 等元素的损失。

下面根据钢水到精炼站是否已脱氧，分两种情况来讨论加铝量及吹氧量的计算：

（1）已脱氧钢加铝量及吹氧量计算：可参考 CAS-OB 中关于化学升温的相关叙述。

（2）未脱氧钢加铝量及吹氧量计算：未脱氧钢进行化学升温时，可按吹入 $100Nm^3$ 氧气可使 100t 钢水增加 $600 \sim 800ppm$ 的氧，每脱 100ppm 氧可使 100t 钢水温度升高 8℃，来进行吹氧量计算。加铝量根据脱碳结束时的氧活度，考虑到钢水中铝含量要求进行计算加入，参考 3.1.9 节中相关内容。

B RH 的二次燃烧

二次燃烧的目的是为了把废气中的 CO 燃烧转化为 CO_2，以对钢水温度进行补偿和防止真空室上部结壳，可降低转炉出钢温度约 26℃。二次燃烧在真空度不大于 30kPa 时启动，应在真空度不大于 15kPa 开始进行。氧枪吹氧时，枪位距真空室底部距离要略高于化学升温时的枪位。$CO \to CO_2$ 二次燃烧的总持续时间控制在 5min 左右，总氧耗约为 $40Nm^3/100t$。对 100t 钢水来讲，处理过程中氧气的参考流量控制在 $500Nm^3/h$ 左右。

C 喷粉脱硫

采用顶枪喷脱硫剂的方式可使 RH 实现脱硫的功能，带喷粉功能的 RH 多功能顶枪是在 RH 顶枪的氧气管中心增设一根喷粉管，并接入喷吹系统，使原顶枪增加喷粉功能，RH 喷粉脱硫顶枪如图 3-7 所示。喷粉脱硫操作时，顶枪下降至喷粉枪位，脱硫粉剂经过喷粉管出口，流经喷出惰性气体（氩气/氮气）的顶枪头部喷头，从而将脱硫粉剂喷入真空室内的钢水表面，脱硫粉剂随着钢液的环流进入钢水内部参与脱硫反应，从而达到脱硫的目的。

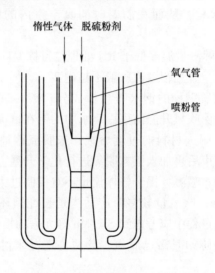

图 3-7　RH 喷粉脱硫顶枪示意图

　　应在合金调整完毕后加入脱硫剂，脱硫剂一般使用 $CaO\text{-}Al_2O_3$ 及 $CaO\text{-}CaF_2$ 所组成的复合脱硫剂，脱硫剂的使用量可参照前文关于铁水脱硫的相关标准。

　　D　钙处理

　　RH 同样可以使用喂丝机对钢水进行钙处理，使用方法及原理参见 CAS 工艺中的相关内容。

3.3.2.5　标准化处理模式

　　RH 在进行真空处理时可以根据钢种要求的不同，选择以下几种已经过技术人员调试成熟的通用处理模式，这样可以简化现场操作人员的人工操作，提高工作效率。

　　A　普通处理模式

　　（1）适用钢种：已脱氧的非低碳钢种，如 SS400、Q235B 及 SPHC 等。
　　（2）操作流程：普通处理模式的操作流程如图 3-8 所示。

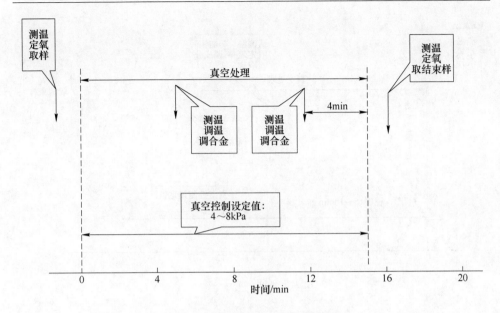

图 3-8 普通处理模式的操作流程

（3）操作关键控制点：抽真空过程采用真空设定值为 4~8kPa；加完最后一批料后，确保钢水纯循环时间不少于 4min。

B 轻处理模式

（1）适用钢种：低碳铝镇静钢，如 DC01、DC03 及 YT01 等。

（2）操作流程：轻处理模式的操作流程如图 3-9 所示。

（3）操作关键控制点：抽真空过程采用真空设定值为 4kPa；真空脱碳时间按 5~10min 控制。

C 脱气处理模式

（1）适用钢种：对气体含量（特别是氢）有特殊要求的钢种，如高牌号管线钢 X70、X80 等。

（2）操作流程：脱气模式的操作流程如图 3-10 所示。

（3）操作关键控制点：抽真空不采用设定点控制，直接按抽深真空控制，抽真空时间不少于 20min；破真空前 4min 内禁止再加入合金和废钢。

D 自然脱碳处理模式

（1）适用钢种：DC04~DC06、DX53D~DX56D 等超低碳钢种。

对于 100t 钢水，根据测得钢水中的 C、O 含量，计算出脱碳到目标值所需的吹氧量，当计算的吹氧量小于 10Nm³ 时，采用自然脱碳处理模式。

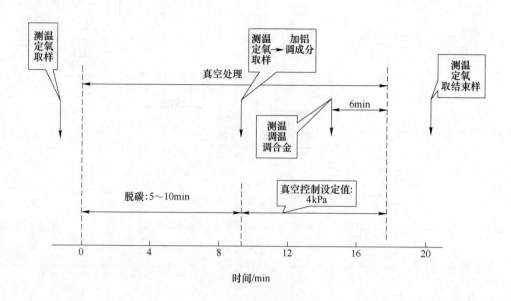

图 3-9　轻处理模式

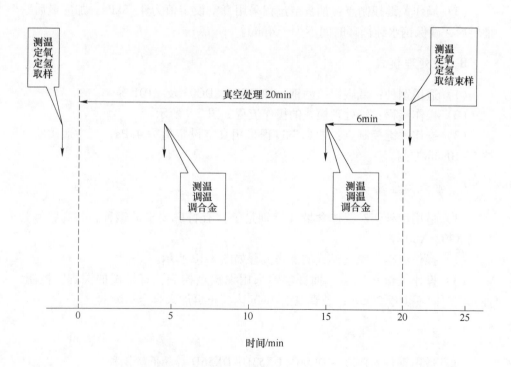

图 3-10　脱气处理模式

（2）操作流程：自然脱碳模式的操作流程如图 3-11 所示。

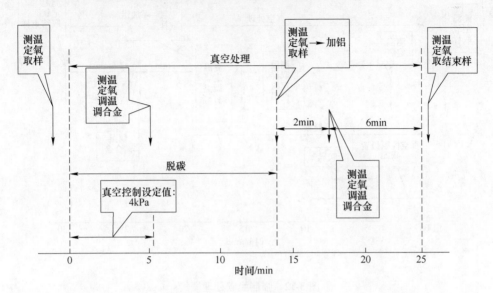

图 3-11 自然脱碳处理模式

（3）操作关键控制点：抽真空过程先采用两步法，先抽真空到 4kPa，稳定后再按抽深真空控制。脱氧后真空度可以保持深真空也可以按 4kPa 控制，抽真空时间不少于 25min。以废气中 CO 含量不大于 5% 作为脱碳结束的判定条件。

对于大部分成分范围要求不是很窄的钢种来说，温度及成分（Ti 除外）尽量在脱氧加铝/硅前调整，脱氧后尽量少加入废钢调温，将因加入合金导致的增碳量减少至最低。脱氧后至少循环 3min 方可调 Ti，调整完成分和废钢调温后，循环至少 3min。

E 强制脱碳处理模式

正常情况下，转炉控制的碳、氧含量达到目标值，这时只需在 RH 进行自然脱碳。但部分炉次转炉终点碳含量高，这就需要使用顶部氧枪进行强制脱碳，从某种角度上讲，使用 RH-KTB/RH-TOP 工艺时，可以一定程度的减少转炉脱碳的负担，即提高转炉终点碳的目标值。

（1）适用钢种：与自然脱碳处理模式相同。

对于 100t 钢水，根据测得钢水中的 C、O 含量，计算出脱碳到目标值所需的吹氧量。当计算的吹氧量不小于 10Nm³ 时，采用强制脱碳处理模式。

（2）操作流程：强制脱碳的操作流程如图 3-12 所示。

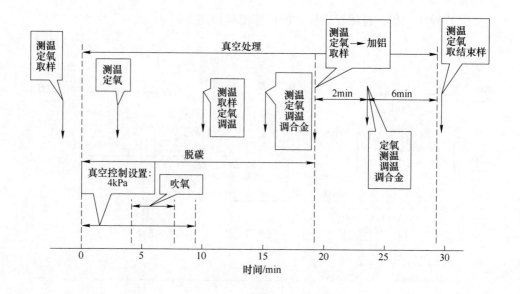

图 3-12　强制脱碳处理模式

（3）操作关键控制点：抽真空控制及脱碳结束判定条件与自然脱碳处理模式相同；吹氧参数设定可参考 3.1.3 节及 3.3.2.4 节的"RH 的化学升温"所述；对大部分成分要求不是很窄的钢种来讲，温度及成分（Ti 除外）力争在脱氧前调整，脱氧后尽量少加入废钢，将因加入合金导致的增碳量减少至最低。脱氧后至少循环 3min 方可调 Ti，调整完成分和废钢调温后，确保循环时间不少于 3min。

3.3.3　LF

3.3.3.1　设备主要组成

LF 精炼炉的设备主要组成可由图 3-13 所示，主要包括加热电极、钢包盖、钢包、底吹氩及下料系统。

3.3.3.2　主要功能及相关原理

LF 炉的主要功能为对钢水进行加热、脱氧、脱硫、去夹杂及合金化。如图 3-13 所示，在 LF 炉中，将电极插入钢水上部的炉渣内并产生电弧，从而对钢水进行加热；加入合成渣，形成高碱度白渣，采用底吹氩气搅拌，使钢包内保持强还原性气氛，从而进行"埋弧精炼"。由于氩气搅拌加速了渣—钢之间的化学反应，同时用电弧加热进行温度补偿，可以保证在较长的精炼时间内，在强还原气

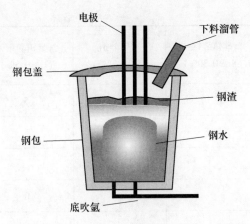

电极

下料溜管

钢包盖

钢渣

钢包

钢水

底吹氩

图 3-13 LF 设备组成示意图

氛中，降低钢中的氧、硫含量（TO 最低可达 20ppm，［S］最低可达 10ppm）及促进夹杂物的上浮去除。

LF 炉以造渣精炼为工艺核心。当钢水包到达 LF 处理工位后，要第一时间破渣壳，造渣制度以早化渣、造白渣为原则。初渣熔化后，根据脱硫和埋弧需要，分 2~3 批加入造渣剂 10~20kg/t 钢水（石灰参考加入量为 7kg/t 钢水；合成渣参考加入量为 2.5kg/t 钢水；化渣剂参考加入量为 2kg/t 钢水），白渣的参考成分如表 3-7 所示，根据渣况加入铝矾土或萤石调整渣子流动性，保证白渣具有良好的流动性。造渣及加热期间，要保证良好的埋弧效果，不得长时间听到"雷鸣"音，或从电极孔看到反射"强光"，以免裸弧加热和钢水增碳。除初期起弧化渣外，处理全过程均须用埋弧操作，严禁用高电压裸弧强制调温，以免损害包衬，测温取样时须停电并抬起电极。如果需要深脱硫，应补加合成渣或石灰提高碱度，并适当加大氩气流量（2 倍左右）及提高钢液温度，保证还原气氛下一定的搅拌时间。根据渣况，分批少量从加料口向渣面加入硅铁粉、电石、铝粒等还原剂进行造白渣操作，保证炉内还原气氛，应保证 LF 炉造渣完毕渣中（FeO + MnO）%≤1%。

表 3-7 白渣的参考成分   （%）

白渣成分	硅镇静钢（Si≥0.30%）	硅镇静钢（Si<0.30%）	硅镇静钢（C≥0.5%）	铝镇静钢（Al≥0.01%）
SiO_2	20~25	10~15	35~40	<10
CaO	50~55	55~60	40~45	55~60

白渣成分	硅镇静钢 （Si≥0.30%）	硅镇静钢 （Si<0.30%）	硅镇静钢 （C≥0.5%）	铝镇静钢 （Al≥0.01%）
MgO	5~10	<10	5	5~10
Al_2O_3	5~8	<8	5	25~30
FeO+MnO	<1	<1	<1	<1
CaF_2	6	6	0	1
S	0.5~1.5	0.5~1.5	0.5~1.5	0.5~2.0
R	3	3	1.0~1.5	4

LF 炉同样可以使用喂丝机对钢水进行钙处理，使用方法及原理参见上文 CAS 工艺中的相关内容。

3.3.3.3　工艺流程

LF 炉的工艺流程如表 3-8 所示，整体处理时间 45~65min。

表 3-8　LF 炉工艺流程

序号	工艺步骤	备　注
1	吊包至 LF 钢包车	转炉挡渣出钢
2	钢包车运行到待处理工位	加入造渣料、渣脱氧剂（铝粒）
3	测温、定氧、测渣厚、取样	
4	降电极，埋弧加热，测温取样	
5	合金化处理	LF 如为双工位，处理后旋转到另一工位
6	在线喂丝、软吹	可钙处理
7	加覆盖剂	
8	吊包	如采用双联工艺，吊至其他精炼工位

3.3.4 双联工艺

大部分钢种的冶炼均只需使用一种精炼工艺，但部分钢种由于其部分成分要求特殊，需两种精炼工艺联合使用才能达到要求。

如抗硫化氢腐蚀管线钢 X65MS 中要求：S ≤ 10ppm、N ≤ 40ppm、O < 15ppm 及 H < 1.5ppm。要想维持 S 含量稳定在 10ppm 左右，在使用铁水脱硫的基础上，必须使用 LF 炉深脱硫功能；而达到上述钢中气体元素 N、O 及 H 的含量要求，必须使用 RH 工艺的脱气处理功能。综上所述，冶炼抗硫化氢腐蚀管线钢 X65MS 需使用 LF—RH/RH—LF 双联工艺，而由于同时使用了两种精炼工艺，整个精炼周期变长，这时就需要在某一精炼工艺中对钢水进行加热以去除因周期延长所带来的温降影响。相比 RH 的吹氧化学升温，LF 炉的电加热升温对成分的影响更小，并且 RH 放在后面更利于保证钢水气体元素的去除。因此，冶炼抗硫化氢腐蚀管线钢 X65MS 宜采用的双联工艺为 LF—RH。这个双联工艺需要注意的工艺控制点为：整体处理时间 90 ~ 110min（其中 LF 炉 50 ~ 65min、RH 工艺 40 ~ 45min）；在进入 LF 炉前的出钢过程中完成脱氧及合金化，在 LF 炉中对部分合金进行微调；精炼结束后在 RH 工位进行钙处理。

3.4 板坯连铸（CC）

板坯连铸的整体工艺设备组成如图 3-14 所示，主体设备系统包括大包（钢包）、中间包及板坯连铸系统，连铸工艺本质上是温度控制（浇铸期间中间包温度稳定）、拉坯控制（尽量达到目标拉速）及冷却控制（二冷）。

3.4.1 大包

3.4.1.1 设备主要组成

如图 3-14 所示，大包系统主要包括钢包（可加保温用钢包盖）、回转台及长水口。长水口一般使用半自动机械手操作，且使用氩气套管密封（严格意义上讲，机械手属于中包自带附件）。大包即为天车吊来的精炼处理后的钢包。

3.4.1.2 主要功能及相关原理

大包工艺环节的功能即为保证连浇所用钢水的连续稳定的供应。每炉开浇后 10min 后取的钢样成分作为本炉的成品样成分。

3.4.1.3 工艺流程

大包工艺流程如表 3-9 所示。

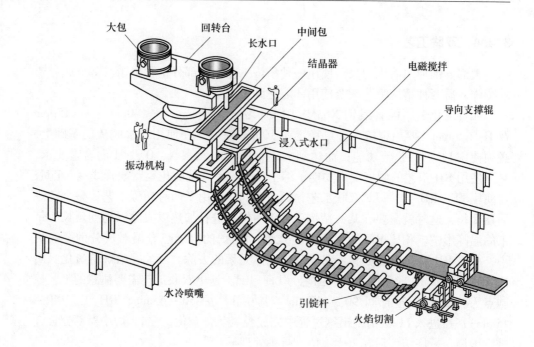

图 3-14　板坯连铸设备组成示意图

表 3-9　大包工艺流程

序号	工艺步骤	备 注
1	生产准备	设备的检查，工具及材料的准备
2	开浇	座包，转回转台，烘烤器抬起后将两侧的氩气管通入包内进行氩气吹扫，钢包转到浇铸位后上套管，打开套管氩气，开浇 10min 左右取成品样
3	连浇	大包钢水还剩 5% 左右时，及时将下一包钢水座到大包回转台上，安装好滑动水口液压缸
4	停浇	连浇最后一炉大包钢水剩余 5% 左右时，安排停浇

3.4.2　中间包

3.4.2.1　设备主要组成

以单流板坯连铸中间包为例，其设备构成由图 3-15 所示，部分钢厂还会为中间包配备包盖。其中，塞棒是为了实时控制流入结晶器钢水的流量；挡墙可分为上挡墙和下挡墙两种，其设置的目的是为了改善钢水在中间包内的流动形态。双流板坯连铸中间包以长水口为中心对称设置有两套塞棒-浸入式水口系统及挡墙。中间包容积一般为大包容积的 20%~40%。

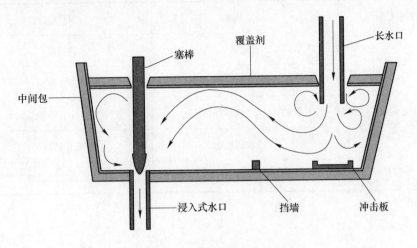

图 3-15 中间包设备组成示意图

3.4.2.2 主要功能及相关原理

中间包顾名思义，即为大包与结晶器间的中间缓冲容器。其主要功能为：稳定钢流，减少钢流对结晶器中初生坯壳的冲刷；储存钢水，并保证钢水温度均匀；促使非金属夹杂物上浮去除；在双流板坯连铸机上，中间包把钢水分配给两个结晶器，起到分流作用；在多炉连浇出现长水口或浸入式水口堵塞及更换大包时，中间包可以起到缓冲作用，从而保证多炉连铸的正常进行。

中间包工艺中最重要的就是温度的控制，中间包钢水温度可根据下式确定：

$$T_C = T_1 + \Delta T \tag{3-17}$$

式中 T_C——中间包钢水温度，℃；

T_1——浇铸钢种的液相线温度，℃；

ΔT——钢水的过热度，℃。

钢种液相线温度是由钢水成分所决定的，其计算公式如下：

$$T_1 = 1536 - (78 \times C\% + 7.6 \times Si\% + 4.9 \times Mn\% + 43 \times P\% + 30 \times S\% +$$

$$5.0 \times Cu\% + 3.1 \times Ni\% + 1.3 \times Cr\% + 3.6 \times Al\%) \tag{3-18}$$

式中 C%，Si%等——该元素的百分含量；

1536——不含任何杂质的纯铁的熔点。

连铸钢水的过热度对铸机产量和铸坯质量有重要影响，过热度的高、低对连铸操作和铸坯质量的影响如表 3-10 所示。

表 3-10　过热度对板坯连铸的影响

过热度情况	高过热度	低过热度
板坯工艺参数的影响	拉速低	拉速高
	增加拉漏几率	拉漏几率小
	柱状晶发达，中心等轴晶区小	柱状晶区小，等轴晶区大
	中心偏析加重	中心偏析减轻
	利于夹杂物上浮	夹杂物上浮困难

3.4.2.3　工艺流程

中间包的工艺流程如表 3-11 所示。

表 3-11　中间包工艺流程

序号	工艺步骤	备　注
1	浇铸前的生产准备工作	引锭头、引锭杆系统、结晶器、振频装置、中间包及浸入式水口的预热、相关材料的准备
2	中间包准备	
3	开浇	中间包内钢水达到开浇预定钢水的 40% 时加覆盖剂，保证钢水不断流、不过流； 结晶器液面达到浸入式水口侧孔下沿时，加入保护渣； 开启塞棒、中间包上水口和浸入式水口板间的氩气； 根据钢种需要同时开启电磁搅拌； 根据钢种控制拉速
4	浇铸	浸入式水口一般只能连续使用 7 炉连浇，为提高连浇炉数，需在降低拉速的情况下，更换侵入式水口
5	停浇	最后一包钢水浇铸时的中间包内剩余 60%～70% 钢水时开始逐步降拉速，50% 以下时停加保护渣，停浇

3.4.3 板坯连铸机

3.4.3.1 设备主要组成

板坯连铸机的设备组成可见图 3-14。板坯连铸机布置在中间包浸入式水口下方，主要包括结晶器、引锭杆、二次冷却机构、导向辊（驱动辊及非驱动辊）、火焰切割、电磁搅拌（辊）等几部分。

3.4.3.2 主要功能及相关原理

首先从中间包流下的钢水，通过具有一定锥度的结晶器，同时沿着铜板内部通过的一次冷却水可提供有效的热交换，这时钢水会按规定断面形状（板坯）凝固并形成坚固坯壳。不同断面的宽度调节是通过移动结晶器的窄面来实现，通过更换窄面装配进行浇铸厚度的改变，一般来讲普通板坯的厚度为 150~250mm，宽度为 1000~2150mm。同时通过结晶器振动器给结晶器提供所必需的运动，以防止坯壳黏结在铜板上。与此同时与密封结晶器下部的引锭杆头相接触的钢水凝固成坯头，驱动辊拉动引锭杆，进而拉动板坯坯头，从而拉出结晶器。当引锭杆通过扇形段后，使用引锭杆分离装置将引锭杆从热铸坯上分离下来（液压提升辊道）。分离后，辊子再一次降低并将引锭杆从辊道上吊出，安装在引锭杆车上。之后的拉坯工作由驱动辊完成，拉速（即每分钟拉出的板坯长度，m/min）也由驱动辊控制，不同钢种的拉速控制如表 3-12 所示。拉坯的过程中，使用二次冷却系统对离开结晶器的板坯进行冷却直至完全凝固，并对铸流导向辊进行冷却（因为这些导向辊在连续浇铸过程中被加热了）。待板坯进入火焰切割辊道区，使用编码器和测量辊确定达到所要求的板坯长度后，火焰切割机夹住热铸坯，切割工作开始进行（使用焦炉煤气作为切割气体，同时用氧气助燃），切割下的规定长度板坯由辊道运至热轧生产线或保温炉区。切割下整浇次的坯头及坯尾直接掉到废钢槽中，之后被天车运走。一旦切割操作完成，火焰切割机自动返回到原位，准备下一次切割循环。

部分连铸机配备电磁搅拌器（EMS），电磁搅拌的原理是搅拌器本体的线圈通入三相交流电后产生一个磁场，当钢液置于移动磁场内时，钢液的每一截面都被移动磁场的磁力线切割，因而钢液就像任何导体切割磁力线一样，将产生感应电动势。正是由于钢液在切线方向上受到一个体积电磁力，这样钢液在距离中心不同的位置上就受到一个力偶的作用，再由于钢液内部的黏性、使钢液进行旋转运动，从而控制铸坯的凝固过程。对板坯来讲，二冷区的电磁搅拌（S-EMS）是较为常用的手段，因为其安装在二冷区铸坯柱状晶"搭桥"之前，且此时的坯壳厚度大概为铸坯厚度的 25%，供搅拌的柱状晶较为"丰富"，搅拌效果最佳。这利于增加等轴晶率，减少中心疏松及中心偏析，改善铸坯质量。大型钢铁企业往往使用辊式二冷电磁搅拌器，其具有不改变扇形段及辊列结构、安装位置灵活等优点，安装 1 组到 2 组电磁搅拌辊，每组 1 到 2 对，2 组间使用相反的电磁力方向，使用足够大的电流、合适的频率以达到最佳的搅拌效果。

表 3-12　不同钢种的参考拉速　　　　　（m/min）

序号	钢种类别	工作拉速	最大拉速
1	超深冲钢/低碳钢	1.1~1.5	1.7
2	包晶钢	1.1~1.4	1.4
3	结构钢/中碳钢	1.1~1.4	1.4
4	管线钢/微合金钢	1.1~1.3	1.4
5	高碳钢	1.1	1.1
6	电工钢	1.1	1.3

3.4.3.3　工艺流程

板坯连铸机工艺流程如表 3-13 所示。

表 3-13　板坯连铸机工艺流程

序号	工艺步骤	备　注
1	浇铸前的准备工作	引锭头、引锭杆系统、结晶器、振频装置、中间包及浸入式水口的预热、相关材料的准备
2	浇铸	钢水通过结晶器凝固成坯壳；由引锭杆拉出坯子，去掉引锭杆，钢坯开始由驱动辊拉动；二冷水同时冷却钢坯至完全凝固；火焰切割成一定长度的板坯；期间保持中间包温度的稳定
3	停浇	连浇最后一炉的中间包内钢水剩余 60%~70% 时开始逐步降拉速，50% 以下时停加保护渣，停浇。火焰切割切除坯尾

3.5　炼钢生产组织

现代钢厂的板坯连铸工艺均进行多炉连浇，部分钢种每个浇次多达 10 余炉，因此需要前后炉次在转炉炼钢、二次精炼及板坯连铸工艺间，具有良好的时间及温度的配合。

以某牌号无取向硅钢的4炉连浇为例（无取向硅钢精炼使用 RH，其他钢种可替换为 LF 及 CAS 等精炼工艺），其炼钢全流程的生产组织可参看表3-14。表中，不同炉次可使用同一座转炉也可使用两座转炉交替吹炼（工艺周期短，一座转炉也可满足生产调度）；RH 必须两座同时使用；板坯使用同一连铸机进行连浇。

表3-14 炼钢全流程生产组织示意

序号	装料	吹炼	取样	出钢	捞渣+吊包	进站	真空处理	出站	吊包+镇静	浇铸
时间	6min	16min	3min	5min	25min	5min	55min	5min	40min	40min
第1炉	1号转炉					1号RH				2号铸机
	8：30~9：00				9：00~9：25	9：25~10：25			10：25~11：05	11：05~11：45
第2炉	1号转炉					2号RH				2号铸机
	9：12~9：42				9：42~10：07	10：07~11：07			11：07~11：47	11：47~12：27
第3炉	1号转炉					1号RH				2号铸机
	9：54~10：24				10：24~10：49	10：49~11：49			11：49~12：29	12：29~13：09
第4炉	1号转炉					2号RH				2号铸机
	10：36~11：06				11：06~11：31	11：31~12：31			12：31~13：11	13：11~13：51

实际生产中往往应用甘特图来对炼钢的全流程工艺进行监控，如图3-16所示（以上述4炉连浇为例），这个图是动态的，随时间变化会不断改变，并可根据实际生产进度进行调整（如取消某炉次），并在甘特图中直观的展现出来。

大流程上，还应考虑出炉铁水温度及成分，脱硫后铁水条件及时间等的衔接。

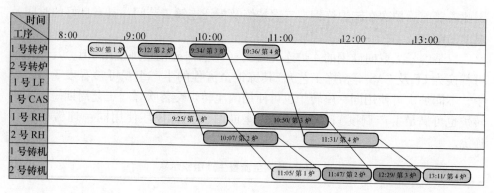

图 3-16 炼钢全流程动态甘特图

4 热 轧

热轧的功能，就是将炼钢所生产的板坯通过高温轧制轧成符合要求的热轧卷。热轧卷可作为终端产品直接卖出，也可作为冷轧基料供给冷轧厂作进一步的加工处理。热轧卷的厚度范围为 0.8~19mm，宽度为 750~2500mm。

当代大型钢铁企业一般在热轧生产线与炼钢车间之间采用紧凑布置的方式，这样可以最大限度的利用刚浇铸出的钢坯热能。炼钢车间的铸机出坯辊道可与热轧装炉辊道相接，板坯装炉方式为冷装（CCR）、热装（HCR）或直接热装（DHCR）三种模式，后两者的区别在于普通热装（HCR）的板坯需经保温坑，再入加热炉，装炉板坯的"连铸序号"与"装炉序号"可以不同，连铸和热轧可以相对独立地编制生产计划。在连铸和热轧加热之间设置保温坑，可以缓冲相互之间的影响。而直接热装，板坯的"连铸序号"和热轧"装炉序号"必须相同，连铸和热轧必须统一编制生产计划，按一体化组织生产。因此，能否直接热装以及直接热装比例的多少反映了热送热装轧制水平的高低。目前先进钢铁企业的直接热装比例可达 60%。铸机出坯辊道也可直接与热轧轧制线相接，从而实现直接轧制。但直接轧制需要非常好的炼钢与热轧的配合度，而且大部分钢种需要的热轧温度较高，钢坯本身的温度达不到，因此大部分大型钢铁企业仍以板坯的热装为主，并努力提高直接热装比例。

热轧的工艺流程，如图 4-1 所示，从前到后可分为保温坑、加热炉、粗除鳞、定宽机、粗轧、精轧、层流冷却及卷取等主要工艺段。

送入加热炉的板坯加热到设定的板坯出炉温度（一般为 1200~1400℃）后，依据轧制节奏的要求，由出钢机将加热炉内的板坯托出并放到出炉辊道上。加热后的板坯由出炉辊道及一次除鳞机输入辊道送至高压水一次除鳞机进行除鳞。然后，板坯由辊道输送至定宽压力机，依据轧制规程对板坯进行侧压（需要减宽的板坯经定宽压力机减至需要宽度，不需要减宽的板坯直接通过定宽压力机）。

4.1 保温炉

4.1.1 工艺技术

在连铸完成后，板坯无法进行直接热送时，须下线进入保温炉保温。在生产计划允许时再从保温炉吊出送至加热炉进行加热。保温炉及加热炉整体的工艺流程可见图 4-2。

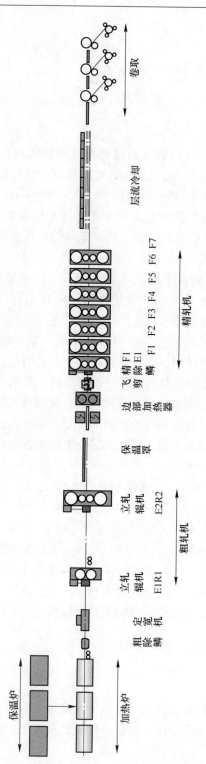

图 4-1　热轧设备组成示意图

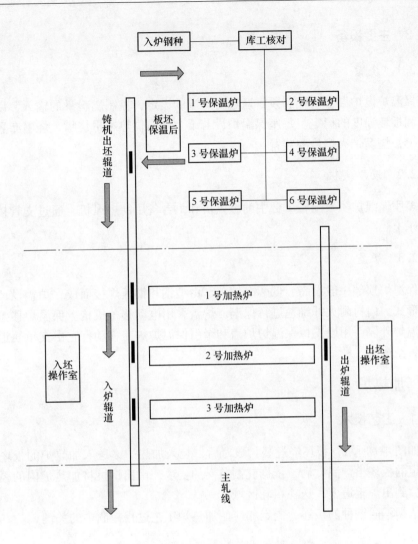

图 4-2 热轧保温炉及加热炉工艺流程图

为适应钢种的集中装炉、成批轧制、温装入炉的要求，在热轧厂房一般设置多座保温炉，用于加热同一钢种连铸坯的保温。一般每座保温炉设 4~6 个垛位，每个垛位可装 10 块左右板坯。

保温炉燃料可采用高炉、焦炉及转炉的混合煤气（空燃比为 1.5~2.5），烟气由设在炉盖上的排烟孔直接排放在车间，然后通过车间厂房顶部的排气口排到大气中，不设烟囱。保温炉炉盖采用电动移盖机构。

保温炉设氮气吹扫及放散系统，当出现事故或重新开炉时，用氮气对煤气管道进行手动吹扫和放散，混合煤气放散管末端设气体检测取样阀。

4.1.2　主要设备

4.1.2.1　烧嘴

保温炉设炉温自动控制段，通过对炉温的设定，控制燃料量的输入，以保证炉温和板坯温度的稳定。每座保温炉设若干个侧向供热冲量烧嘴，烧嘴布置在两侧墙上，烧嘴带火焰检测装置。

4.1.2.2　助燃风机

多座保温炉一般配备 1 台主助燃风机和 1 台备用助燃风机，通过支管接到每座炉子上。

4.1.2.3　炉盖

保温炉顶部一般设高、低两个炉盖，由型钢和钢板焊接而成，炉盖设计成预上拱形式。内衬耐火纤维毯进行保温。炉盖采用电动移盖机构。保温炉移盖机位于保温炉外侧，用以支撑保温炉炉盖和牵引保温炉炉盖移动，它由支承轨道和牵引装置组成。

4.2　加热炉

4.2.1　工艺技术

如图 4-1 所示，板坯经过装料核对后，装入加热炉，送入加热炉的板坯加热到设定的板坯出炉温度后，依据轧制节奏的要求，由出钢机将加热炉内的板坯托出并放到出炉辊道上，送往粗轧区域。

依据不同钢种的板坯，制定相应的加热炉工艺过程控制中的关键点。

4.2.1.1　加热温度及均匀性控制

板坯的加热温度及均匀性要求如表 4-1 所示，加热燃料及吹扫气体与保温炉相同。

表 4-1　板坯加热温度及均匀性工艺要求　　　　　　　（℃）

参　数 ＼ 钢　种	普碳钢 （保温时间≥30min）	其他品种钢 （保温时间≥30min）
出炉温度	1100～1300	1100～1400
黑印温差	≤20	≤15

参 数 \ 钢 种	普碳钢（保温时间≥30min）	其他品种钢（保温时间≥30min）
板坯上表面与中心温差	≤30	≤15
同断面长度温差	≤20	≤15
宽度温差	≤20	≤15

一般要求板坯出炉温度与出炉目标温度差在±20℃以内的命中率要达到85%以上。

4.2.1.2　板坯的加热流程

在加热炉中，板坯的加热过程（入炉→出炉顺序）可分为四段，分别为：热回收段（此段不加热，热量来自其他段）、预热段、加热段及均热段，其中加热段可采用两级加热，因此加热段可分为加热段1及加热段2。加热炉有效炉长一般为43m左右，其中热回收段约14m，预热段约5m，加热段约16m，均热段约8m。一般板坯采用步进式加热炉，板坯在炉内的移动靠炉底水冷步进梁的上升、前进、下降及后退的往复运动，步进梁的每一个循环往复运动，带动板坯在炉中前进一步。加热过程原理如图4-3所示，未预热空气经换热器或蓄热式烧嘴

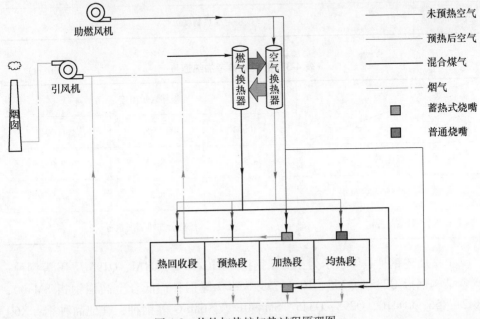

图 4-3　热轧加热炉加热过程原理图

（成对使用）中的蓄热体预热后，与混合煤气反应燃烧，加热/保持炉温，烟气由引风机引入大气排出，其中蓄热体中的热量来自烟气。

　　不同钢种的参考加热制度及加热速度如表 4-2 和表 4-3 所示。在板坯入炉温度低于 300℃ 的时候，板坯的在炉时间不应低于 160min；在板坯入炉温度为 300~500℃ 的时候，板坯的在炉时间不应低于 140min；在板坯入炉温度为 500~700℃ 的时候，板坯的在炉时间不应低于 130min；在板坯入炉温度为 700~800℃ 的时候，板坯的在炉时间不应低于 120min。

表 4-2　加热炉加热制度

钢种	出炉目标温度/℃	加热炉各段温度/℃									
		热回收段		预热段		加热段 1		加热段 2		均热段	
		上	下	上	下	上	下	上	下	上	下
低碳钢	1200~1280	600~900	700~900	980~1190	950~1160	1050~1240	1020~1210	1250~1300	1230~1270	1220~1280	1200~1250
碳素结构钢及低合金高强钢	1230~1300	650~900	800~900	1010~1200	980~1180	1100~1250	1070~1210	1260~1320	1240~1290	1250~1300	1230~1280
其他品种钢		按特定加热制度执行									

表 4-3　板坯的参考加热速度　　　　　　　　　（min/m）

钢种	加热速度 板坯入炉温度		
	≤400℃	400~600℃	≥600℃
低碳钢	8.5	8.0	7.0
碳素结构钢及低合金钢	9.0	8.5	7.5
其他品种钢	按特定加热制度执行		

　　上文所述钢种具体表示为：低碳钢指 SPHC/D/E、08Al、Q195 及 IF 等钢种；碳素结构钢指 Q235~Q255、10~45 及 SS400 等钢种；低合金高强钢指 SM400、X42~X56、LQ410、Q295~Q345、SM490B 及 16MnG 等钢种；其他品种钢：X60 及以上、SS540、06TiL~10TiL、16MnREL 及电工钢等钢种。

4.2.2 主要设备

4.2.2.1 换热器

换热器是加热炉的重要余热利用设备，如图 4-3 所示，加热炉的换热器主要包括煤气换热器及空气换热器，功能为利用煤气中的热量将空气预热，以达到降低加热炉燃耗的目的。

4.2.2.2 烧嘴

如图 4-3 所示，加热炉一般在加热段和均热段设置多个/对烧嘴，其中加热段可全部采用蓄热式烧嘴（或普通轴向烧嘴），均热段上部采用平焰烧嘴，下部采用轴向烧嘴。蓄热式烧嘴所用的助燃空气不需预热，可直接引入烧嘴，经蓄热体预热，温度可高达 1000℃以上。

4.2.2.3 风机

除图 4-3 中加热炉配备的助燃风机（鼓风机）及引风机，还需配备掺冷风机及点火风机，均为一用一备。其中，掺冷风机的设置是为了防止换热器前的烟气温度过高烧坏换热器，使用独立的掺冷风机向换热器前烟道中通入冷风。各风机的风量由高到低为引风机、助燃风机、掺冷风机及点火风机。

4.3 粗轧

4.3.1 工艺技术流程

板坯从加热炉出炉后，进入粗轧流程，如图 4-1 所示，按顺序粗轧的工艺流程主要包括：粗除鳞（一次高压水除鳞）→侧压定宽→立辊 E1—粗轧机 R1→立辊 E2—粗轧机 R2→保温罩。经过粗轧后，板坯被轧成 25～55mm 厚度的中间坯（粗轧后、精轧前的板坯称之为中间坯），以供精轧机使用。

粗轧的轧制模式主要有四种，即 3+3 模式（3 道次粗轧 R1+3 道次粗轧 R2）、1+5 模式、3+5 模式和 1+7 模式。其中 3+3 模式及 1+5 模式一般用于材料硬度不高的钢种，如 SPHC 及 Q235B 等；而 3+5 和 1+7 模式一般用于轧制强度比较高的钢种，如 X70 及 Q460B 等。具体采用哪种轧制模式还要参考不同产品规格的轧制节奏。

在粗轧轧制过程中应遵循低速咬入、高速轧制、减速抛钢的原则。随着中间坯长度的增加，轧制速度可适当增加。

在影响带钢终轧温度的诸多因素中，RT2 温度（粗轧末道次（R2 末道次）

出口温度）是其中的重要因素之一，一般来讲应保证 RT2 不低于 1000℃，RT2
实际控制温度在目标温度 ±20℃ 内，同块坯料的温度差控制在 ±60℃ 以内。如需
要轧制二次加热的钢种，那么可在 R1 和 R2 间的旁边安装电磁感应加热炉，在
R1 轧制一个道次后，将板坯托出轧线，加热到设定温度后，再托回轧线在 R2 进
行轧制。

　　粗轧后，中间坯进入延迟辊道时，依据轧制品种和产品规格的不同来确定是
否对中间坯使用保温罩保温、边部加热器（精轧设备）加热。不能进入精轧机
轧制的事故中间坯，直接送到延迟辊道上，再将其推到延迟辊道操作侧的废钢收
集处。

4.3.2　主要设备

4.3.2.1　侧导板

　　侧导板的功能是将板坯中心线与轧制中心线对中，使板坯顺利通过轧机。粗
轧区的侧导板包括：定宽机前侧导板、粗轧机 R1 前/后侧导板、粗轧机 R2 前侧
导板、R2 前/后侧导板。其中，只有定宽机前侧导板一般具有测宽功能，采用齿
轮齿条方式控制，其他侧导板为普通的曲柄连杆式。

4.3.2.2　粗除鳞机

　　粗除鳞机使用压力为 15~22MPa 的高压水清除出炉板坯表面的一次氧化
铁皮，除鳞速度为 1~1.5m/s。一般在出入口分别设置 20 对左右粗除鳞喷嘴
组成的除鳞喷嘴集管，其与板坯间的角度为 15° 左右。粗除鳞出口侧会设置
2 对吹扫喷嘴，与板坯间的角度为 30° 左右，主要用于去除粗除鳞时回落的
氧化铁皮。

4.3.2.3　定宽机（侧压机）

　　定宽机的功能为对板坯在长度方向上进行侧压，从而调整板坯的宽度。定宽
机使用两个锤头在板坯的两个宽面上进行相向作用。在主传动的作用下，锤头进
行步进式的往复运动；在锤头关闭过程中，对板坯进行一定范围内的挤压；在锤
头打开过程中，锤头失去和板坯的接触，板坯向前传送，使板坯宽度没有减少的
部分进入到锤头可以作用到的区域，从而进入下一轮的挤压。定宽机内参考的轧
制速度为 0.3m/s，减宽量为 0~350mm。

4.3.2.4　立辊 E1/E2

　　为了得到较为精确的宽度控制，在 R1/R2 之前安装有立辊 E1/E2。在 R1/
R2 奇数道次（正向轧制）时立辊进行压下，而在偶道次时，E1/E2 会打开到一

个宽于板坯的开口度，不对板坯进行压下，从而形成 E1/E2 与 R1/R2 的串联式轧制。E1 的参考轧制速度为 0~3.5m/s，减宽量为 0~50mm；E2 的轧制速度为 0~6.5m/s，减宽量为 0~50mm。

4.3.2.5 粗轧机 R1/R2

粗轧机 R1 为两辊式结构，R2 为四辊闭式机架，R2 包括两对工作辊及两对支承辊，R2 的轧制力略高于 R1，R1 及 R2 均为可逆式轧机，R1 轧制结束再进行 R2 的轧制，因此到板坯出粗轧区后 R1/R2 均只能进行奇数道次的轧制，R1 的最大压下量可达 50mm，通过两者的轧制将板坯轧成 25~55mm 厚度的中间坯。R1/R2 轧制速度同 E1/E2。R1/R2 机架前后均设有高压水除鳞，一般设置 15 对左右除鳞喷嘴及 10 对左右反喷嘴（只在上部设置），其与板坯间的角度均为 15° 左右，同时设除鳞水幕及水压除尘。

4.3.2.6 保温罩

保温罩的功能为对中间坯进行保温，减少中间坯热损失，改善其均匀性，减小头尾温差。保温罩一般为液压倾翻型，外壳为钢板结构，内部上、下及两侧面均为陶瓷纤维材质的保温材料。保温罩可分多组，每组单独控制，总长度为 50~60m。

4.3.2.7 其他设备

如前文所述，当板坯出炉后需要二次加热的时候（例如高温工艺取向硅钢），可在 R1 与 R2 间的辊道旁设置感应加热炉（图 4-4），使用板坯搬运装置、翻转横移车、升降及侧扶导向装置将板坯立放在感应加热炉内，通过电磁感应加热，可将 R1 预轧 1 道次后温度约 1100℃ 的板坯加热到 1400℃。加热后再按上述过程的逆过程从炉内抽出板坯并运输到主轧线上放平。在板坯装炉、加热、出炉的过程中，除加热时间外，其他工序需尽量缩短。

部分热轧工艺为避免粗轧后中间坯头尾温差过大及边部温降的问题，在中间坯进入精轧机前的飞剪前设置热卷箱（功能与保温罩类似）。中间坯进入热卷箱将其卷成热带钢卷，然后再将热带钢卷进行开卷，送入精轧机。使用了热卷箱的热轧线，由于中间坯卷成卷，中间坯成卷后在全长度方向上发生热传递、热辐射，从而保证了中间坯温度均匀性；另外中间坯在热卷箱中的卷取和开卷过程中，中间坯会发生机械弯曲变形，使带钢表面大部分脆硬的二次氧化铁皮碎裂并被抛离去除，起到一定的除鳞作用。部分热轧线可设置双工位热卷箱，可同时放置两个中间卷/坯，有效地缩短了轧线的长度，同时可作为粗轧和精轧的缓冲区。

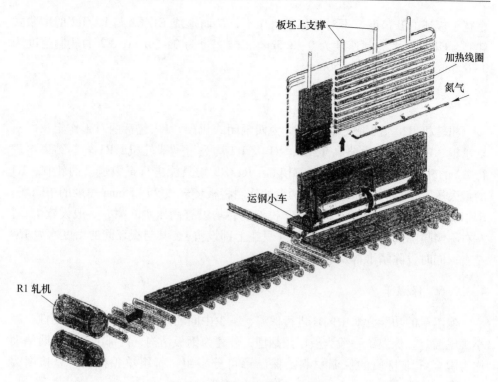

图 4-4　感应加热炉设备示意图

4.3.3　中间坯尺寸标准

（1）中间坯宽度偏差范围是 0~+10mm；

（2）中间坯的板形要求为无严重的翘头及叩头，无边部波浪形缺陷；

（3）R2 出口中间坯偏移轧制中心线的偏移量不得超过 20mm；

（4）中间坯需无大面积氧化铁皮，表面无压痕、黑印及明显裂纹。

4.4　精轧

4.4.1　工艺技术流程

粗轧流程后，轧制后的中间坯进入精轧流程，如图 4-1 所示，按顺序精轧的工艺流程主要包括：边部加热→飞剪→精除鳞-立辊 F1E1→精轧机组（F1~F7）。经过精轧后，中间坯被轧成 0.8~15mm 厚度的成品热轧成品卷或冷轧基料（供继续冷轧用）。精轧工艺过程控制主要包括对成品厚度、宽度（主要为粗轧控制）、终轧温度及成品板形的控制。一般要求终轧温度控制精度为±20℃，卷取温度控制精度为±20℃，成品带钢表面无块状或者条状氧化铁皮、无压痕、裂纹及划痕等缺陷。

4.4.2　主要设备

4.4.2.1　边部加热器

电感应加热器的功能是提高带坯边部温度，主要目的是改善钢坯断面温度分布和金相组织，防止薄带钢的边部裂纹，减少轧辊发生不均匀磨损的几率。边部加热器的加热温度一般为 900~1100℃。在边部加热器入口处设置侧导板。

4.4.2.2　飞剪

在边部加热器之后布置飞剪，功能为切掉带钢的头尾不规则部分，使精轧获得更好的轧制条件。

4.4.2.3　精除鳞机

精轧除鳞机位于飞剪后、精轧机前，用于除去粗轧轧制过程中的二次氧化铁皮。精除鳞一般在出入口分别设置 25 对左右（下部喷嘴数量略多于上部）精除鳞喷嘴，其与板坯间的角度为 30°左右。

4.4.2.4　精轧机

精轧机组由立辊 F1E 及四辊不可逆式连轧精轧机 F1~F7 组成，通过精轧机对成品的厚度、温度及板形进行控制。F1 的入口侧，配置附着式立辊轧机 F1E，其目的是为进一步提高板宽的精度，同时保证中间坯进入精轧机的对中性，优于侧导板。四辊精轧机 F1~F7 设全液压 HGC 压下系统（hydraulic automatic gauge control），对厚度进行自动控制。压下系统中安装测压仪、位移传感器，用以对压力及位置信号进行反馈和控制。F1~F7 各机组间设有液压活套，进行恒张力控制。精轧机入口及各机架出口设有导卫装置，前者主要指的是 F1E，后者主要由导卫框架（即侧导板）及上下导向板组成，其上装有冷却集管及除尘集管，其中在 F1 与 F2 间一般设置强冷集管，加强对氧化铁皮的抑制和温度的控制能力。

精轧机对钢带的板形控制是轧制工艺中的核心问题。产品板形质量主要包括以下几个方面：凸度、平直度、楔形、边降、局部高点及反翘度等。上述各项指标的控制除了依靠控制系统的自动控制及合理的工艺制度外，精轧工对调平和弯辊力等方面的干预也是获得良好板形质量的重要条件。平直度与板凸度（横向厚度差）取决于各机架轧制时的承载辊缝形状，承载辊缝形状取决于轧制力引起的辊系弯曲变形及压扁变形、弯辊力、轧辊热膨胀和磨损、原始轧辊辊形和轧辊窜动位置对辊缝形状的影响等。但在轧制过程中，优化带钢板形的手段主要为调整弯辊力、窜辊机构以及负荷分配，其中弯辊技术是指用机械力弯曲工作辊辊身以控制带钢凸度和平直度的技术。窜辊是一种慢速控制元素，用于均匀轧辊磨损或设定下块钢坯的辊缝并增大弯辊力调节范围，而工作辊弯辊用做快速控制元素，能够迅速改变承载辊缝形状，在轧制进程中对轧辊热变形和磨损等变动干扰因素进行补偿，是实现板形在线控制所必需的柔性调节手段。

弯辊力增加（正弯辊），板的正凸度（凸度是指带钢两个边部 25mm 处的平均值与中部尺寸的差。若为正，表示是正凸度，如果是负则为负凸度）减小；弯辊力减小（负弯辊），板的正凸度增大，如图 4-5 所示。在正常轧钢情况下，弯辊力的大小设定由模型自动计算给定，精轧工可以根据经验和生产中的实际板形变化在穿带后进行合理调整，从而调节凸度及平直度，降低钢带浪形的出现。如果 F1~F6 出口出现板形问题，最好是在头部 F7 带载穿带后一定时间之内（5s 左右）干预到位。该段时间内的干预量由模型直接吸收用于自学习，使得下块钢设定的弯辊和窜辊按照精轧工的调节方向设定。

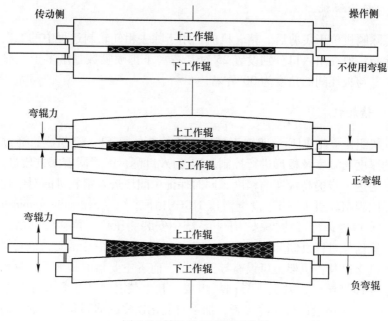

图 4-5　精轧轧机弯辊示意图

窜辊指的是工作辊沿轴线方向上的水平移动，两个工作辊的窜辊由四个液压缸进行控制。上工作辊朝操作侧移动，下工作辊朝传动侧移动为负窜辊，上工作辊朝传动侧移动，下工作辊朝传动侧移动窜辊为正窜辊。如图 4-6 所示，负窜辊增大辊缝正凸度，辊的弯曲度减小，增大边部波浪产生的可能性；正窜则会减小辊缝正凸度，辊的弯曲度增大，能有效减少边部波浪。在窜辊值出现明显不合理情况时或轧辊局部磨损严重时，应该进行手动干预。手动窜辊的原则是要保证从 F1 到 F4 逐渐正窜。

传动侧 操作侧

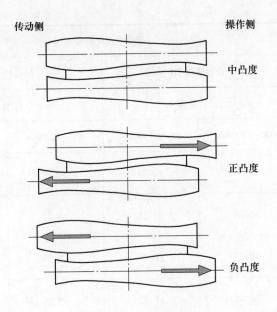

中凸度

正凸度

负凸度

图 4-6 精轧轧机窜辊示意图

4.4.3 热轧成品尺寸板形技术标准

热轧成品的厚度要求参照 GB/T 709—2006，如表 4-4 所示。

表 4-4 热轧带钢厚度允许偏差

公称厚度 /mm	带钢厚度允许偏差/mm			
	普通精度 PT		较高精度 PT. B	
	公称宽度		公称宽度	
	600~1200mm	1200~1500mm	600~1200mm	1200~1500mm
0.8~1.5	±0.15	±0.17	±0.10	±0.12
>1.5~2.0	±0.17	±0.19	±0.13	±0.14
>2.0~2.5	±0.18	±0.21	±0.14	±0.15
>2.5~3.0	±0.20	±0.22	±0.15	±0.17
>3.0~4.0	±0.22	±0.24	±0.17	±0.18

公称厚度 /mm	带钢厚度允许偏差/mm			
	普通精度 PT		较高精度 PT. B	
	公称宽度		公称宽度	
	600~1200mm	1200~1500mm	600~1200mm	1200~1500mm
>4.0~5.0	±0.24	±0.26	±0.19	±0.21
>5.0~6.0	±0.26	±0.28	±0.21	±0.22
>6.0~8.0	±0.29	±0.30	±0.23	±0.24
>8.0~10.0	±0.32	±0.33	±0.26	±0.26
>10.0~12.5	±0.35	±0.36	±0.28	±0.29
>12.5~15.0	±0.37	±0.38	±0.30	±0.31

成品宽度要求如表 4-5 所示。

表 4-5　热轧带钢宽度允许偏差

公称宽度/mm	允许偏差/mm
≤1500	0~+20

作为冷轧基料的热轧带钢，对成品有明确凸度要求，如表 4-6 所示。

表 4-6　热轧带钢凸度允许偏差

带钢宽度/mm	最大凸度/mm
≤1200	0.06
>1200	0.07

4.5 卷取

4.5.1 工艺技术流程

精轧轧制后的带钢进入热轧最后的卷取流程,按顺序卷取的工艺流程主要包括:上表面检测→输出辊道→层流冷却→下表面检测→夹送→卷取→打捆→托盘运输→称重→喷号→二次称重→塔形修正→入库,其中塔形是指钢卷上下端不齐,外观呈塔状。

4.5.2 主要设备

4.5.2.1 输出辊道

输出辊道用来输送从精轧到卷取的带钢。在带钢进入卷取前以超前速度运行,确保带钢运行的稳定。精轧抛钢后以滞后速度运行,和卷取机之间建立张力,确保卷取稳定。

4.5.2.2 层流冷却

通过使用自动化过程控制系统,来实现对层流冷却上下集管装置的水量配比及水量分布的控制,将热轧带钢冷却到工艺要求的卷取温度,从而达到控制热轧卷成品及冷轧成品的性能的目的。

层流冷却按工艺顺序包括精调区和微调区两部分,精调20组,微调2组。每个精调组包括4根上部集管和4根下部集管,上下一共160根。每个微调组包括8根上部集管和8根下部集管,一共32根。微调区每根集管的水量是精调区的一半,每根集管均由独立气动阀控制。在层流冷却的前边以及每个冷却段的后边都设有侧喷单元,用来把带钢表面的残余水冲走。

4.5.2.3 卷取机入口侧导板

卷取机入口侧导板位于层流冷却装置之后,在夹送辊之前。其作用是经由喇叭口段和平行段把带钢对准轧制中心线将其送入夹送辊,并在进入夹送辊时导板夹持带钢以减少钢卷的塔形。由液压缸传动侧和操作侧分别传动,每侧机械同步,两侧靠伺服阀同步,液压缸内装有位移传感器。带钢一般贴传动侧导板进入夹送辊后与操作侧合拢。

4.5.2.4 夹送辊

如图4-1中所示,卷取机前的一对辊(上大下小)即为夹送辊。夹送辊的主要作用是接收由侧导板对中的带钢，并把它夹紧导入相应的卷取机中。夹送辊夹紧带钢，提供卷取过程中需要的张力，保证卷取带钢的卷取质量。

4.5.2.5 卷取机

热轧带钢经过轧制后的长度长达几百米，经过冷却处理后的带钢，通过卷取机弯曲成卷，成卷的带钢便于存放和运送。一般设三台卷取机，设备运行时，两台卷取机交替使用，一台卷取机备用检修。

5 冷 轧

冷轧工序的工艺顺序一般为：酸连轧→连续退火，常化酸洗→单机架可逆轧机→连续退火。无取向硅钢、不锈钢及热镀锌等钢种连续退火线略有区别，但主要原理及设备组成大同小异，本章将以最普通的连续退火机组为例予以介绍。

5.1 酸连轧（PL-TCM）

通用酸连轧生产线的主要功能是将 2.0~4.0mm 厚的热轧卷进行酸洗（除表面氧化铁）后，进而冷轧轧制卷取成 0.15~0.65mm 厚的成品冷轧卷。酸连轧生产线总长一般可达 300~600m，经过多段不同生产工艺，为实现钢卷的连续化生产需将前后热轧卷的头尾使用激光焊机焊接起来，再上线进行后续的生产过程。

5.1.1 工艺流程

如图 5-1 所示，按顺序，酸连轧的工艺流程主要包括：开卷→矫直头尾→切头尾→焊接（包括冲孔和剪月牙）→活套→拉矫—酸洗→漂洗→活套→剪月牙→切边→去毛刺（根据要求）→剪切→冷连轧（5 机架不可逆）→卷取→打捆入库。另外，可设离线检查站，对轧好的钢卷距其带头 20m 左右的带钢上下表面进行表面质量检查。

5.1.2 主要设备

5.1.2.1 开卷机

将热轧卷经对中后上到开卷机上，开卷后以一定的速度上到酸轧线上。需布置两台开卷机用于前后钢卷的连接，以保证酸轧生产线的连续运行。开卷机的芯轴拥有缩胀功能（由液压缸驱动芯轴的扇形块做径向运动），钢卷装到芯轴上时，芯轴胀开，将钢卷内圈紧紧撑住，保证钢卷不会滑动。

前后热轧卷焊接连接后，开卷机给其提供张力的同时，保证带钢与酸轧中心线的对中，使带钢平稳地进入酸轧线。开卷分上开卷和下开卷，对于酸连轧生产线，两个开卷机一般同时采用上开卷的方式。

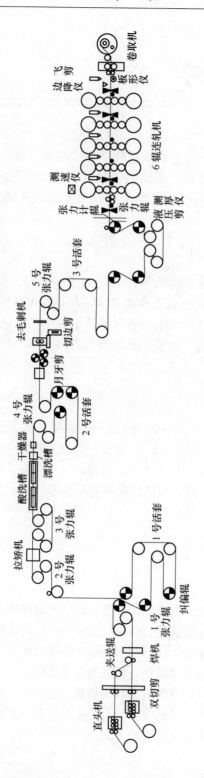

图 5-1　酸连轧生产线示意图

5.1.2.2 直头机

直头机用于对热轧钢卷的头尾进行矫直，使其达到激光焊机的焊接条件。直头机的矫直辊系统前设置一对夹送辊。矫直辊系统一般设置上下 3 对辊，通过上辊与下辊的啮合来矫直带钢，矫直的程度取决于带钢的厚度和钢种。直头机只在头尾穿带时使用，其他时候上部的 3 根矫直辊是支撑起来的。

5.1.2.3 双切剪

双切剪用来剪切热轧卷的带头和带尾，由液压缸驱动。双切剪入口布置有一对夹送辊，可将切掉的废料送入废钢溜板，一般头尾废钢长度为 1m，可按要求进行调整。热轧卷可由此取样。

5.1.2.4 激光焊机

激光焊机的功能是把前后热轧带钢的尾和头焊接起来，从而实现酸连轧生产线的连续作业，其对酸连轧机组的整体生产节奏起着关键作用。激光焊机的结构如图 5-2 所示。氮气为激光传输管路的保护气体，压缩空气可防止激光管路中的氮气进入焊接区，在激光头及钢板焊接处充满氦气，对焊接过程进行保护。焊机入口侧装有双切剪，同时剪切前后热轧钢带的带尾和带头，同时夹紧，并调整好两者间用于焊接的间隙。焊机出口侧装有月牙剪，用于剪切由于前后钢带宽度不同而产生的焊缝两边的超宽部分，如图 5-3 所示，以防划伤后续设备，并提高焊缝强度。

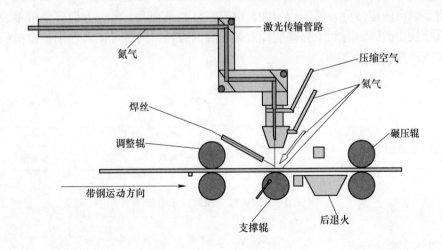

图 5-2 激光焊机结构示意图

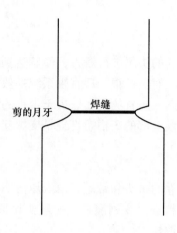

图 5-3　月牙剪的月牙

5.1.2.5　拉矫机

拉矫机又称拉矫破鳞机，位于酸洗槽前，拉矫机一般可设置为非驱动辊箱式（由前后张力辊控制）。如图 5-4 所示，拉矫机由 3 个辊箱组成，前两个为弯辊箱用于拉弯带钢，后一个为矫直辊箱用于矫直带钢，每个工作辊均有刚性支撑辊。拉矫机一般配备除尘装置。通过使用拉矫机对来料热轧带钢进行拉弯矫直处理，一方面可以改善板形，其基本原理为，热轧钢带在张力辊组施加的张力作用下连续通过上下交替布置的小直径的弯辊，在拉伸和弯曲的联合作用下沿长度方向产生了塑性的纵向延伸，使热轧带钢各条纵向纤维的长度趋向于一致，从而减小带材内部纵向内应力分布的不均匀性，改善带材的平直度。另一方面可使带钢表面的氧化铁皮破碎，有利于提高酸洗效果：降低酸耗，同时可比未使用拉矫机的带钢酸洗速度提高近 20%。

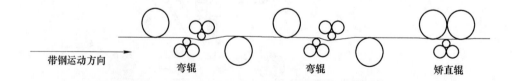

图 5-4　拉矫机"拉矫"示意图

5.1.2.6　酸洗槽

热轧带钢在冷轧前必须进行酸洗，其目的是为了清除黏附在钢材表面的氧化层，使用 HCl 与铁的氧化物（主要为 Fe_3O_4）反应生成 $FeCl_2$，从而去除，为后续冷轧做好准备。酸洗段设备如图 5-5 所示。一般设置 4 个酸洗槽（从前往后分别为 1、2、3 及 4 号酸槽），将浓度为 18% 的 HCl（再生酸）从酸储存槽用泵供应到后两个酸槽中，两槽中酸浓度保持一致，酸的供应流量可根据带钢条件、生产速度等进行控制。酸液的流动方向与带钢的运动方向相反，从 4 号酸槽开始最终流入到 1 号酸槽中，反应后的废酸液流入 1 号废酸储存槽，并被送到酸再生机组（ARP—acid regeneration plant），再生酸经加压后送往酸洗机组循环使用。酸再生工艺如图 5-6 所示。

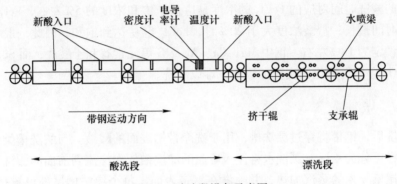

图 5-5　酸洗段设备示意图

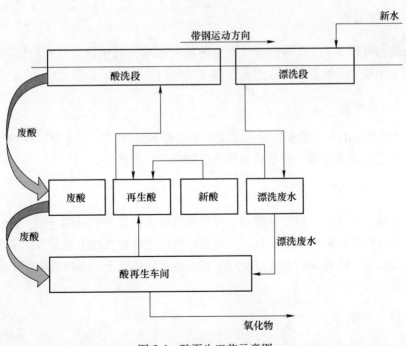

图 5-6　酸再生工艺示意图

热交换器安装在酸洗槽中，用于把酸的温度保持在 80℃ 左右。每个酸洗槽的入口及出口均配有挤干辊，用于除去带钢表面的过量酸液，尽量减少酸液被带到下一个槽中，保持每个槽内的酸液浓度。在 4 号槽的出口侧安装一个压下辊，以防带钢在酸洗槽中升到酸表面。

酸洗时间主要取决于氧化铁皮的结构和厚度，受热轧终轧温度及卷取温度的影响。提高酸液的浓度和温度能够增加酸洗速度，但一般为了提高酸洗速度采用增大浓度而不过分提高温度的办法，因为随着 $FeCl_2$ 的浓度从零增加到饱和浓度，酸洗时间会先减小再急剧增加，另外 $FeCl_2$ 含量增加会加速盐酸的挥发，因此最短的酸洗时间对应的 $FeCl_2$ 的浓度是应低于饱和浓度的 5% 左右，$FeCl_2$ 饱和时酸洗时间最长，盐酸浓度大于 20% 时，$FeCl_2$ 容易达到饱和，因此一般将盐酸的浓度设定为 18% 左右。钢中 Mg、Ca、Al 及 C 等元素有利于酸洗，而 Si 元素形成的 SiO_2 会使得氧化铁皮更加致密，难以酸洗。

5.1.2.7　漂洗槽

酸洗后，钢带将穿过漂洗槽，用于洗净带钢表面的酸液。与酸洗槽类似，漂洗槽同样可分为 4 段，漂洗水将注入后面的漂洗槽依次梯流到前面的漂洗槽。漂洗水由尾槽喷入的蒸汽加热，并喷淋在钢带表面。每个漂洗槽尾部设置挤干辊，用以尽量减少漂洗水的带出量。

5.1.2.8　干燥器

干燥器（图 5-7）是将热空气通过热蒸汽加热，利用热空气吹扫钢带表面，从而烘干钢带。干燥器前面设置有边部空气吹扫装置。

5.1.2.9　月牙剪

2 号活套后的月牙剪是在带钢需要切边的时候使用的，用于在带钢宽度变化时剪切焊缝处带钢边部，便于后面切边剪圆形刀片的进出。

5.1.2.10　切边剪

切边剪，也称圆盘剪，主要用于按照产品要求，剪切带钢的毛边，剪切边部缺陷的同时达到用户对宽度的要求。切边剪的切边质量直接影响着冷轧成品带钢的产品质量和生产效率。切边剪不只配置在酸连轧机组上，在精整机组等设备上均有配置。

5.1.2.11　碎边剪

碎边剪的作用是将切边剪剪切下来的带钢毛边剪切成碎块，以便回收。

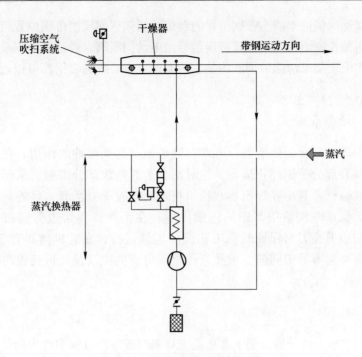

图 5-7 带钢干燥器设备示意图

5.1.2.12 去毛刺机

去毛刺机位于切边剪后，由气缸压下去毛刺辊，从而消除带钢切边后的边部毛刺。

5.1.2.13 张力辊系统

1 号张力辊为 2 辊式张力辊，用来提供入口段所需的前张力及活套平滑操作所需的后张力；2 号张力辊和 3 号张力辊成对布置在拉矫机的前面和后面，为拉矫机提供带钢所需的张力；4 号张力辊用于提供酸洗段及 2 号出口活套间的带钢张力；5 号张力辊位于 3 号出口活套的入口，用来提供 3 号出口活套中带钢的张力。所有张力辊均配有压辊，以保持停车期间的带钢张力。3 号张力辊为 3 辊式，出口布置一个张力计辊，用来测量带钢的张力，张力计的反馈信息也可以用于带钢断带的检测。

5.1.2.14 纠偏辊系统

纠偏控制主要是为了防止带钢偏离生产中心线而造成断带故障，保障生产线的连续运转。图 5-1 所示冷轧机组共设置 8 套纠偏辊组。

通过摆动纠偏框架减小带钢位置的跑偏。纠偏框架反馈带钢位置信号给纠偏控制器，纠偏控制器再发送位置错误信号给电动伺服阀，通过电动伺服阀控制液压缸移动纠偏框架来消除带钢的跑偏。所有偏离中心线的带钢都可以通过摆动框架来纠正。

5.1.2.15　活套系统

整条生产线共有三处活套，可以存储带钢，起到缓冲的作用，在某项工艺进行时，需要部分带钢停止运行，这时活套为其释放部分带钢，从而保证整体机组的连续运行。其中在焊机后和拉矫机之间布置 1 号活套，目的是当激光焊机焊接时，保证酸洗段中带钢的连续供应；在干燥器和切边剪前布置 2 号活套，用于切边剪换刀时保证酸洗工艺段的连续运行；在轧机前布置 3 号活套，目的是确保切边剪剪刃间隙、重叠量调整或剪刃更换以及轧机换辊时带钢的连续运行。

5.1.2.16　轧机

轧机入口布置液压剪，用于在更换支撑辊时或生产过程中产生断带等故障时切分带钢。在轧机 1 号轧机入口牌坊立柱之间安装三辊张力辊，可保持 1 号轧机入口带钢稳定。

轧机一般采用五机架 UCMW 6 辊轧机（在前述热轧 HCMW 轧机基础上增加中间辊弯辊装置），具有工作辊窜辊、工作辊正负弯辊、中间辊窜辊、中间辊正弯辊、工作辊和中间辊自动换辊等功能，具有更强的带钢边部控制能力。

轧机配备清洗系统，每架轧机均安装带喷嘴的横梁并配备了软管连接的便携式喷枪，使用热水或化学方法清洗轧机，可减少带钢表面的辊印。

在各架轧机出口侧配置张力计辊和坝辊，用来测量带钢的张力。其中坝辊安装在每一个张力计辊的入口侧，保持带钢对张力计辊的包角，并且能去除黏附在带钢表面的乳化液。

轧机一般配置的测量仪表包括 X 射线测厚仪，位于 1 号机架入出口及 4 号、5 号机架出口；在 5 号机架出口设置板形仪；在各机架出口设置多普勒激光测速仪；在 5 号机架出口配置 X 射线边降仪。

在 5 号轧机出口布置转鼓飞剪，可在轧机不停机的情况下对钢带进行切分操作。在于转鼓飞剪前设置夹送辊位，用于在钢卷分卷时压住带钢以防带钢末端上下摆动，将带钢头部引入转鼓飞剪，只有在分卷时使用。

酸连轧轧机使用卡罗塞尔卷取机，采用双芯轴，从而保证轧制的连续。卷取工艺流程为：一个芯轴在前位开始卷取带钢，然后转子齿轮箱体转动将芯轴转至后位，另一芯轴转至前位并做好卷取带钢的准备；在后位完成带钢的卷取，然后用转鼓飞剪分卷。芯轴有两个固定位置，即穿带位置，穿带并完成开始几卷的卷取；卷取位置，完成带钢的卷取，到卸卷小车卸卷。

5.2 常化酸洗（APL）

常化酸洗的原料厚度同样为 2.0~4.0mm 厚的热轧卷。热轧带钢在酸洗前进行的常化处理，就是使带钢在常化炉中进行快速加热及均热处理，使带钢达到 1100~1150℃，再缓慢冷却，从而使带钢的再结晶更完善，晶粒尺寸更加均匀，部分细小析出物粗化，从而提高带钢成品的某项性能。

5.2.1 工艺流程

如图 5-8 所示，按顺序常化酸洗的工艺流程主要包括：开卷→矫直头尾→切头尾→焊接→切边→常化→抛丸→酸洗→漂洗→干燥→活套→剪月牙→切边→剪切→涂油→卷取→打捆入库。常化酸洗生产线一般跟单机架冷轧轧机配套使用。工艺段最大速度可达 55m/min。

可按照实际要求只酸洗，不常化。图 5-8 中的旁通线即表示只酸洗、不常化的生产方式。这样在冷轧厂内同时拥有酸连轧和常化酸洗设备的时候，可两者配合使用，如不需要常化的钢种，可采用两种生产组织方式：酸连轧，常化酸洗（只开酸洗）→酸连轧（只开连轧），从而最大限度地提高生产速率。

5.2.2 主要设备

开卷机、直头机、焊机、双切剪、酸洗槽、漂洗槽、干燥器、月牙剪、切边剪（圆盘剪）及卷取机等设备原理基本与酸连轧上的相同，在此功能类似之处不再赘述。下面将主要介绍常化炉等酸连轧上不具备的设备。

5.2.2.1 预热水池

在常化酸洗机组旁可并排布置预热水池，采用水浴加热的方式对需要预热的钢卷进行预热，加热 2h 左右，使钢卷中心温度高于 60℃，从而降低钢带运行时的断带风险。

5.2.2.2 测厚仪

测厚仪一般布置在直头机之后，用来测量带钢厚度，以便在分切剪处切除超厚的部分，测厚范围为 1.0~3.0mm。测厚仪使用 γ 射线测厚，依据射线被吸收量同带钢厚度之间的关系来达到测量厚度的目的。

5.2.2.3 带钢边部加热器

常化酸洗机组可设置 3 套边部加热器，使用烧嘴加热，分别设置在第一组张

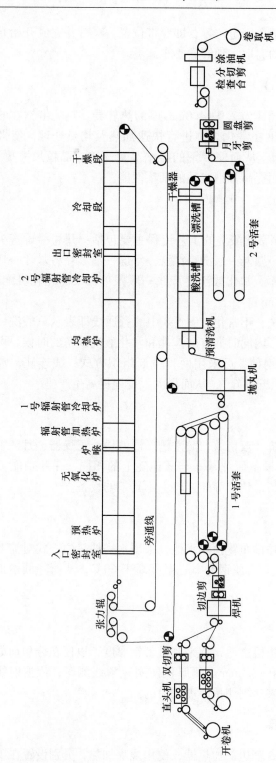

图 5-8　常化酸洗生产线示意图

力辊前，1号活套内及2号活套内，它的主要功能是对带钢边部进行补偿加热，以减少带钢边部温降，降低带钢断带风险。

5.2.2.4 常化炉

如图5-8所示，常化炉主要由入口密封室（ESD）、预热—无氧化炉（PH-NOF）、炉喉（TS）、辐射管加热炉（RTF）、1号辐射管冷却炉（1号RCF）、均热炉（SF）、2号辐射管冷却炉（2号RCF）、出口密封室（ESD）、冷却段（CS）及干燥段（DS）组成。

常化炉配置两个密封室，一个布置在入口平台后与预热炉入口相连，主要作用是阻止预热炉内的烟气向炉外逸出，同时减少预热炉对外的热辐射；一个布置在炉子出口平台前与2号辐射冷管炉出口相连，主要作用是阻止炉内气体向炉外逸出，保持炉压。

无氧化炉（图5-9）利用明火烧嘴燃烧天然气对带钢进行加热，空燃比控制在小于1的范围内，确保炉内为无氧化气氛，防止带钢表面发生氧化。预热炉与无氧化炉入口相连，可以看做是无氧化炉的烟道，无氧化炉的烟气经预热炉流向排烟系统并由排烟风机排出，因此预热炉的作用是利用无氧化炉的废气余热加热带钢。

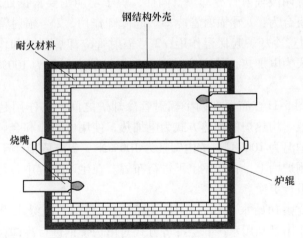

图5-9　无氧化炉示意图

炉喉的作用为减少无氧化炉和辐射管加热炉之间的辐射，同时阻止无氧化炉内的烟气向辐射管加热炉倒流。此外，在压力波动时，需要向炉喉吹入氮气稳定炉压。

辐射管加热炉（图5-10）的作用是利用采用自身预热式烧嘴及陶瓷辐射管对带钢进行辐射加热，根据处理钢种的不同，该段有均热和加热两种功能。辐射管加热炉采用自身预热式烧嘴，通过陶瓷辐射管对带钢进行辐射加热。辐射管加热炉是高温加热段，最高炉温可达到1150℃，炉内气氛为100%N_2，氮气露点小于15℃，空燃比控制在大于1的范围内。

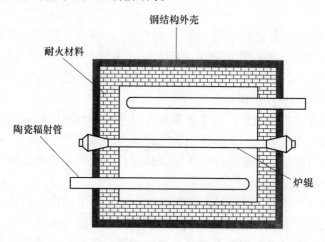

图 5-10　辐射管加热炉示意图

　　常化炉配置两段辐射管冷却炉，同样，炉子功能则要根据处理的钢种而定。最常用的工艺组合为：1 号辐射管冷却炉起冷却作用，2 号辐射管冷却炉起保温作用；1 号辐射管冷却炉起保温作用，2 号辐射管冷却炉起冷却作用。辐射管冷却炉的加热方式为电加热，最高炉温为 1000℃，炉内气氛为 100%N_2，氮气露点小于 15℃。

　　均热炉（图 5-11）布置在两个辐射管冷却炉之间，其作用是在工艺温度下对带钢进行保温。均热炉的加热方式为电加热，使用电阻棒和金属辐射管两种加热设备，最大炉温为 1000℃，炉内气氛为 100%N_2，氮气露点小于 15℃。金属辐射管安装在两侧炉墙上，在带钢上下进行布置。在生产过程中，可以对金属辐射管内的电阻棒进行更换。

　　冷却段主要由初始水冷却、气刀、中间空气冷却、最终水冷却和干燥器组成。冷却段的作用是利用水冷、空冷等方式对出炉带钢进行冷却，通过控制冷却水的温度、压力、流量等来调节带钢的冷却速率。两个水冷段的使用情况要根据生产的钢种而定。中间空气冷却分为四段，风箱安装在壳体内，在带钢上下进行布置，通过风箱向带钢上下表面喷射空气来冷却带钢，根据钢种不同选择功能开启或关闭。

　　干燥段布置在最终水冷却的后面，其作用是去除带钢表面残留水分，干燥带钢。

　　辐射管加热炉、辐射管冷却炉及均热炉均采用 100%N_2 作为保护气体。保护

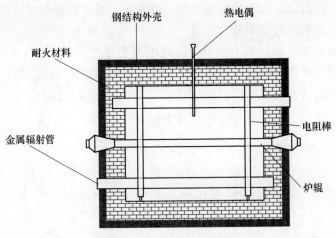

图 5-11 均热炉示意图

气体的主要作用包括：保证炉膛内为无氧化气氛，避免带钢表面在加热过程中发生氧化，影响带钢质量；控制炉内压力，通过向辐射管加热炉、辐射管冷却炉、均热炉、炉喉及出口密封室注入氮气来维持炉压的恒定。

5.2.2.5 酸洗段设备

由于不同品种带钢的成分、热轧工艺、常化工艺不同，其氧化铁皮的结构和厚度也不相同，因此针对每一个品种都必须有相应的酸洗工艺及技术参数。酸洗的原理与酸连轧机机组中的基本相同，采用紊流酸洗。

在常化炉和酸洗段之间布置抛丸机（图 5-12），上下布置抛头，当带钢经过

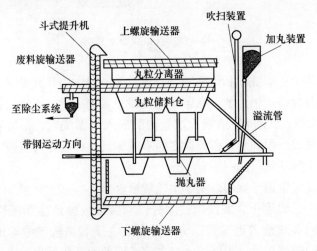

图 5-12 抛丸机结构示意图

时，通过抛头喷射出的钢丸均匀地打到带钢表面，对带钢表面氧化铁皮进行机械预破鳞处理，以利于后面的酸洗处理。

在酸洗槽前面，设计有一个 3m 长的预清洗槽（图 5-13），采用喷淋方式，清除抛丸处理后带钢表面的残留物。常化酸洗机组配置 3 个酸洗槽，酸液流动方向同样与带钢运动方向相反。

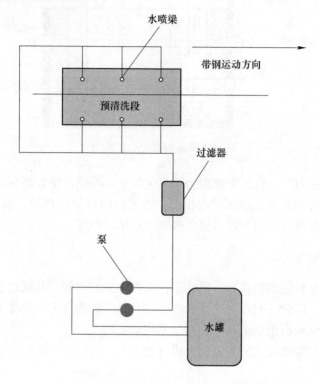

图 5-13　预清洗段设备示意图

漂洗分为 4 个主漂洗段和预漂洗段，预漂洗段的作用是减少带钢进入漂洗区域时酸的含量并保持带钢湿润。在第 3 漂洗段设置有一个 pH 检测计，对漂洗水的 pH 值进行检测，低的 pH 值表示过量的酸进入了漂洗段，系统自动报警。漂洗水从漂洗段最后一段加入，在各段之间形成梯流。梯流方向与带钢运行方向相反，最终进入 1 号漂洗段。

漂洗槽后设置带钢干燥器，用于干燥带钢表面。

在较高的工艺温度下，酸洗槽、漂洗槽和酸罐内会产生刺激性的酸雾和蒸气，为了防止酸雾从槽内逃逸到厂房内，在酸洗槽和漂洗槽中均设有酸雾抽吸口，抽吸出来的酸雾在排放到屋顶大气之前必须做无害化处理。

在酸槽的排液室上方安装挤干辊，是各个酸槽之间的分界线，保证带钢将最少的液体从一个处理段带到另一个处理段，从而减小酸液的损失量。

5.2.2.6 水平检查台

在生产线的出口段设置水平检查台，主要功能是对带钢表面质量进行检查，在带钢经过时，使用两面观察镜子，可从不同角度对带钢进行检查。

5.2.2.7 分切剪

在5号张力辊之后，涂油机之前布置分切剪，用于对钢带进行分卷。同时在分切剪之前配备夹送辊装置。

5.2.2.8 涂油机

在转向夹送辊的前面布置涂油机，涂油机带一个上喷刷辊，能连续地向带钢上表面涂油，带钢上表面涂油量控制在 $0.5 \sim 3.5 g/m^2$。使用冷轧润滑油和防锈油，用于带钢表面的防锈。涂油机也可采用上下表面同时涂油的方式。

5.2.2.9 转向夹送辊

在张力卷取机之前布置转向夹送辊，实现带钢转向，用于引导带钢带头进入卷取机。

5.2.2.10 卷取机

常化酸洗机组采用单轴卷取机，布置在生产线的出口段，在后张力的作用下对带钢进行卷取。

5.2.2.11 张力辊组与纠偏辊组

常化酸洗机组共设置5套张力辊组对机组的张力进行控制，主要形式为二辊式和四辊式，第二号张力辊组为四辊式张力辊，其他张力辊组均为二辊式张力辊；常化酸洗机组共设置11套纠偏辊组。

5.2.2.12 活套系统

常化酸洗机组布置入口活套和出口活套两组活套。其中，入口活套布置在入口段激光焊机之后，主要的功能是通过不断的充套和放套过程来储存和释放带钢，从而在入口段和工艺处理段之间形成一个"缓冲区"，有效保证在入口段停机时工艺段的连续运行；出口活套位于酸洗工艺段之后，与入口活套相似，通过不断的充套和放套来储存和释放带钢，从而在工艺段和出口段之间形成一个"缓冲区"，有效保证在出口段停机时工艺段的连续运行。

5.3　单机架轧机（RCM）

单机架轧机一般用于轧制较高硬度钢种的热轧酸洗卷，可作为常化酸洗机组的下游工序，常见的可逆式单机架轧机有六辊轧机和二十辊轧机，下面将以二十辊轧机为例介绍单机架轧机的工艺原理及设备构成。

5.3.1　工艺特点

二十辊轧机主体由内外牌坊、辊系及各种轧机系统组成，二十辊轧机可将钢带轧至最薄 0.025mm。为了能够轧制更薄的带钢，应该尽量减小工作辊的直径，但是工作辊直径小又会使轧机刚度降低，为了解决这个矛盾，需用其他轧辊对工作辊进行支撑，二十辊轧机辊系因此而产生。如图 5-14 所示，二十辊辊系分为上、下两组，每组都由 4 个支撑辊、3 个第二中间辊、2 个第一中间辊和 1 个工作辊组成，辊系中位于两侧的第二中间辊为主动辊。对于硬度较高的钢种，需要使用二十辊轧机，二十辊轧机更适用于对成品厚度、压下率及板形有精确要求的钢种的轧制。二十辊轧机可采用一次冷轧法和二次冷轧法两种轧制方式，所谓二次冷轧法就是在两次冷轧间进行一次中间退火，第二次冷轧至成品厚度。

二十辊道次压下率的分配原则是根据不同钢种的物理性能，可最大限度地发挥轧机的生产能力，同时保证产品质量来制定的。一般采用前几道次压下率相同（均采用大压下率），以便使各道次的轧制力大致相同，成品道次的压下率较小，这样可保证产品的板形和表面质量。在确定轧制道次压下率时，需计算轧制力，校核设备。

带张力轧制是可逆轧制中的重要内容，它可以保证轧制过程的稳定，改善带材的板形和降低单位轧制压力，并可在一定范围内改善厚度公差。对于不同的道次压下率，前后张力对轧制力的影响不同。张力的大小主要是根据带材的屈服强度，一般选用的单位张力为 $(0.35 \sim 0.6)\sigma_{0.2}$，对于边部毛刺较多或有裂边的钢卷，张力要选小一些。可逆轧制过程中，前张力的功能是获得良好的板形，也能降低轧制压力和轧制扭矩（轧机主电机电流降低）；后张力的功能是降低轧制力和使轧制稳定，并且可以通过它在一定程度上降低带材在轧制过程中的厚度波动。后张力对厚度变化的作用比前张力大 3 倍左右。张力设定的原则应遵循"板形优先"的原则。前张力的设定是关键，所以确定轧制张力时，一般采用单位前张力大于单位后张力，这有利于轧制过程的稳定，防止"打滑"。但如果带材的厚度达到工作辊辊径的 1/100 或更薄时，则可以使单位后张力等于或大于单位前张力，以有利于钢带的变形和厚度控制。

轧制的控制原理与热轧精轧及酸连轧轧机类似，可参考前文相关内容。

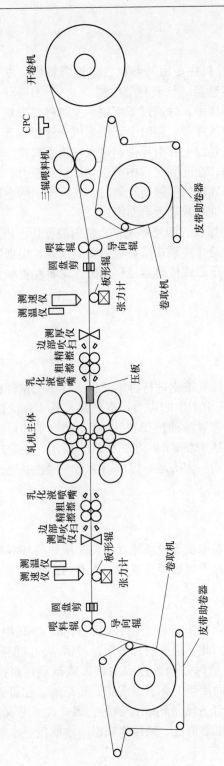

图 5-14 二十辊轧机设备示意图

5.3.2　设备组成

如图 5-14 所示，二十辊轧机主要由开卷机、三辊喂料机、皮带助卷器、两架卷取机、轧机主体及附属传感器（仪表）等组成。

三辊喂料机可将带钢头部压平，并通过下弯辊和上弯辊将带钢头部形成一定角度，易于使带钢头部在轧机区穿带，同时上下辊形成夹送辊单元，将带钢喂入轧制区。开卷机将钢卷保持在卷筒上并引导带钢进入三辊喂料机，将带钢成功地送入轧机后进行第一道次轧制，在轧制过程中给带钢提供后张力。

两架张力卷取机分别位于轧机的两侧，轧制时，在对带钢的卷取和开卷时提供合适的张力，由可拆卸的芯轴和减速齿轮器组成。

二十辊轧机配备 X 射线测厚仪、激光测速仪、辐射温度计、压磁式传感器等监测传感器。其中辐射温度计是非接触式简易辐射测温仪表，根据物体热辐射效应原理来测量物体表面温度；压磁式传感器是利用磁性材料在机械力作用下磁导率发生变化的原理进行工作的。

5.4　连续退火（CAL）

5.4.1　工艺流程

连续退火机组的功能是对冷轧带钢进行再结晶退火（部分钢种还可起到脱碳的功能），消除带钢在冷轧过程中产生的应力，促使晶粒长大，涂覆涂层（不需涂覆图层的钢种，生产线中可布置涂油机代替），从而使钢带的最终性能满足用户的要求。工艺段最大速度可达 180m/min。如图 5-15 所示，按顺序连续退火生产线的工艺流程主要包括：开卷→切头尾→焊接→活套→碱洗—退火→涂覆→干燥→烧结→冷却→活套→卷取。

5.4.2　主要设备

开卷机、焊机、双切剪及卷取机等设备原理与前文所述的基本相同，因此下面将主要介绍碱洗段、退火炉及干燥炉等连退线上专有的设备。

5.4.2.1　碱洗设备

带钢在轧制过程中，表面会留下各种杂物，如轧制油、冷轧中产生的铁粉、灰尘、焊接时产生的焊渣等。因此，退火前都必须经过清洁，以彻底除去带钢表面的油污等，否则表面残留的油污在退火过程中将形成碳质污斑，污染炉内气氛；再者，油污也会使带钢表面质量变坏及引起炉底辊结瘤，使带钢划伤。碱洗段的功能就是为了在退火前充分去除带钢表面油污，因此此工艺又称脱脂工艺。碱洗段包括碱喷淋、碱刷洗、电解清洗、高压水喷淋、水刷洗、水喷淋和烘干等工序，如图 5-16 所示。

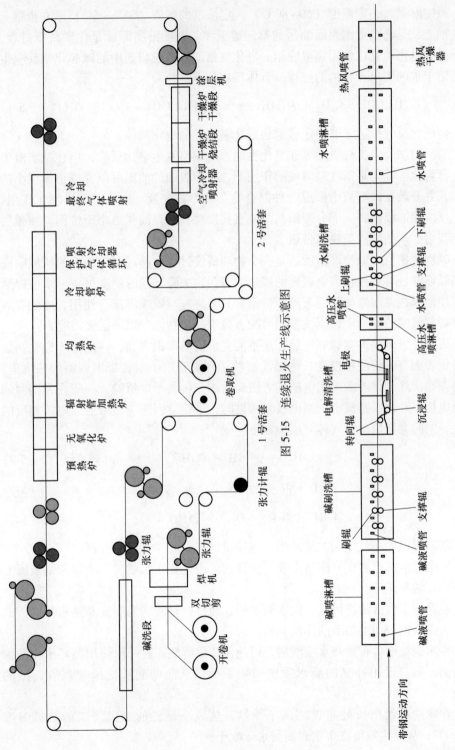

图 5-15 连续退火生产线示意图

图 5-16 碱洗段工艺示意图

碱喷淋是将一定温度（60~80℃）一定浓度的碱液（35%~5%）喷在带钢上下表面上，是清洗带钢表面油污的第一道工序。碱喷淋实际就是化学脱脂过程，借助碱的皂化和乳化作用完成脱脂。皂化是指油脂与脱脂剂中的碱起化学反应生成易溶于水的肥皂和甘油的过程，具体反应如下：

$$(C_{17}H_{35}COO)_3C_3H_5 + 3NaOH \Longrightarrow 3C_{17}H_{35}COONa + C_3H_5(OH)_3 \quad (5\text{-}1)$$

但皂化反应仅适于非稳定或半稳定轧制油等易皂化的油。

对矿物油及人工合成油等非皂化性油，与碱不发生皂化反应，但在碱溶液中可进行乳化。乳化是指在碱溶液的作用下，带钢表面的油膜可以变成很多很小的油珠，并分散在碱溶液中形成一种混合物，称为乳浊液。皂化可促进乳化作用。皂化反应使油膜破裂，部分带钢与溶液直接接触，其界面张力小于带钢与油膜的界面张力，从而使油膜脱离带钢。

碱刷洗槽位于碱喷淋槽后，是一个物理清洗过程，通过刷辊刷毛的机械刷洗将经碱喷淋处理后浮在带钢表面的残余油等污物去除。同时刷洗可进一步破碎油膜，使油膜在碱溶液的作用下离开带钢，只有将它与碱喷淋配合使用，才能有效发挥带钢碱洗的作用。碱刷洗槽同时配备碱液冲洗功能，以增强去污能力。

带钢经过碱喷淋和碱刷洗后，还不能完全清洁带钢表面，这是由于经轧制后的带钢表面有一定的粗糙度，许多油污粒子和脏物粒子附在带钢表面的凹坑里，不易彻底清除。因而需采用电解的方法对这部分污物予以清除，一般在带钢两侧装上电极，并通以直流电，当电极带极性时，带钢会因感应而带上与电极相反的极性，同时会析出大量气体。反应如下：

$$4H_2O \Longrightarrow 4H^+ + 4OH^- \quad (5\text{-}2)$$

$$4H^+ + 4e \Longrightarrow 2H_2 \uparrow \quad (5\text{-}3)$$

$$4OH^- - 4e \Longrightarrow O_2 \uparrow + 2H_2O \quad (5\text{-}4)$$

随着带钢表面气体的大量产生，迫使带钢表面的油污离开带钢。

在电解清洗槽后布置高压水喷淋清洗槽，通过高压水喷洗，去除带钢表面上留下的浮油和碱液。

在高压水喷淋清洗槽后布置水刷洗槽，通过刷辊的刷毛刷洗和热水冲洗，进一步去除带钢表面上留下的浮油和碱液。

在水刷洗槽后布置热水喷洗槽，可使用2段清洗，前一段使用循环水喷洗带钢表面，第二段用补充的新水喷洗带钢表面，从而彻底清洗掉带钢表面上的脏液。

在碱洗段的出口处布置热风干燥器，热风干燥器的吹风管组的热风温度≥110℃，从而将残留在带钢表面的水分吹干。

5.4.2.2 退火炉

连续退火炉主要包括入口密封室（ESD）、预热炉（PH）、无氧化炉（NOF）、炉喉（1 号 TS）、辐射管加热炉（RTF）、均热炉（SF）、炉喉（2 号 TS）、冷却管炉（CTF）、膨胀节（PBE）、保护气体循环喷射冷却器（RJC）及出口密封室（ESD）。各主要段炉子的结构与常化炉类似，设计温度可见表 5-1。

表 5-1 各段炉子设计最高温度

名　称	温度/℃
无氧化炉	1250
辐射管加热炉	950
均热炉	950
干燥炉-干燥段	700
干燥炉-烧结段	850

与常化炉类似的，入口密封室为碳钢气密焊的箱体结构，内衬耐火材料，用来隔离炉内气体与炉外空气，阻止炉外空气进入炉内。预热炉利用无氧化炉及均热炉等后段炉子流过来的物理及化学热来预热带钢至要求温度，预热炉内为弱氧化气氛。无氧化炉使用明火烧嘴将带钢快速加热到工艺要求温度的同时，为防止带钢表面氧化，要求空燃比小于 1，尽量实现炉内无氧化气氛。

1 号炉喉位于无氧化炉和辐射管加热炉之间，既能阻挡无氧化炉对辐射管加热炉的热辐射，又能在必要时阻止无氧化炉炉气倒流进入辐射管加热炉和均热炉，污染炉膛。

为了防止带钢在无氧化炉内出现带钢氧化、断带及影响性能等情况，带钢在无氧化炉内的加热温度不宜过高，因此在后段设置了辐射管加热炉，采用吸入式辐射管烧嘴。微弱氧化的带钢表面在整个系统处在 N_2/N_2+H_2 的保护气氛下被还原。

均热炉用来使带钢在规定温度下进行再结晶，去除带钢的加工应力，并具有脱碳的功能。采用电加热，电阻带放在炉底耐火砖的沟槽内，这种结构可以避免加热元件在断带时被破坏。电阻带横向布置，确保带钢宽度方向上温度的均匀性。

另外可根据钢种情况，设计为两段 RTF+SF 的工艺布置，即 1 号 RTF→1 号 SF→2 号 RTF→2 号 SF，其中 1 号 RTF→1 号 SF 用于脱碳，2 号 RTF→2 号 SF 用于再结晶，后者工艺温度一般略高于前者。

2 号炉喉用于阻挡均热炉对后续冷却段的热辐射。

冷却管炉采用冷却管对带钢进行间接冷却，靠排废风机产生的负压吸入冷风间接冷却带钢，从而保持良好的板形，排出的废气单独排出厂房外。在工艺速度 150m/min 的条件下，冷却管炉具备将带钢降温 100℃ 的冷却能力。

膨胀节设在冷却管炉与保护气体循环喷射冷却炉之间，用来吸收炉子的热膨胀。

保护气体循环喷射冷却器由控制冷却段和快速冷却段组成，用来按要求的冷却速度将带钢冷却至工艺要求的温度。控制冷却段的循环风机采用交流变频调速电机，通过调节风量来控制带钢的冷却速度，使带钢按工艺速度冷却。快速冷却段的风量不可调，始终以其最大风量循环喷射冷却带钢，将带钢快速冷却到 200℃ 以下。

出口密封室用来密封来自保护气体循环喷射冷却器的保护气体和阻止外界空气进入保护气体循环喷射冷却器。

5.4.2.3　最终气体喷射冷却（FJC）

最终气体喷射冷却由冷却风机、风道及风箱组成，用来最终冷却带钢，可使带钢温度小于 100℃。

5.4.2.4　涂层机

涂层系统一般采用集中配置及供给方案，可同时给多个机组的涂层机进行供给。涂层机一般使用成对涂辊对带钢进行双面涂覆。涂覆量控制在 $1 \sim 3 g/m^2$，也可根据用户要求控制该指标。

5.4.2.5　干燥炉干燥段（DF-DS）

干燥段由炉子本体、烧嘴、辐射管、排烟系统、助燃风机及点火风机等组成，采用辐射管进行间接加热，用来对涂层后的带钢进行干燥。

5.4.2.6　干燥炉烧结段（DF-BS）

烧结段由炉子本体、烧嘴、排烟系统、助燃风机、点火风机等组成，采用明火烧嘴直接加热，用来将涂层与带钢牢固地烧结在一起。

5.4.2.7　空气喷射冷却器（AJC）

空气通过风机被鼓入炉内，将带钢最终冷却至工艺要求温度，空气喷射冷却器可使带钢温度<100℃。

5.4.2.8 张力辊组、纠偏辊组及活套系统

连退机组共设置 7 套张力辊组用以对机组的张力进行控制；共设置 10 套纠偏辊组。连退活套布置、功能与常化酸洗机组基本相同，分为入口活套及出口活套。

5.4.2.9 出口检测仪表

布置有焊缝检测器、γ 射线测厚仪及连续铁损仪（硅钢专用）。焊缝检测器用于在分卷剪切时检测焊缝位置；γ 射线测厚仪与连续铁损仪之间互通数据，前者用于实时监测带钢厚度，带钢测厚后经双层剪切机，将带钢头尾超差部分切除，后者用于连续检测硅钢板铁损，以进行实时工艺干预。

5.4.2.10 卷取机

连退机组由于工艺运行速度较快，为了保证生产节奏，设置前后两架卷取机，用以在卷取时给带钢提供后张力并对中。卷取张力一般为 $20 \sim 40 N/mm^2$。

6 样品的检测

6.1 钢铁冶金在线自动检测

现代大型钢铁企业对现场的炼铁炼钢等工序的各类样品都实现了风动实时送样，并采用自动化无人（机器人辅助）检测系统检测样品，数据实时上传到相关的数据管理系统中，方便现场操作人员及技术工程师对生产流程的某一步骤是否合理做出第一时间的判断。样品及系统内的数据根据要求可保存一段时间，以便日后查询。

常见的钢/铁样、渣样的自动分析流程如图 6-1 所示。从图中可看出，钢铁冶金在线自动检测分析系统包括的主要设备有：风动送样接受及返回装置、机器人、自动铣样机；自动磨样机；1 套自动制渣系统，包括 1 台破碎机，1 台研磨机，1 台压样机；冲孔机、切割铣样机；光电直读光谱仪；荧光光谱分析仪；全自动氧氮分析仪；全自动碳硫分析仪。

具体的作业流程为：部分钢样通过自动铣样机处理后进光电直读光谱仪检测其成分，部分钢样需经过切割铣样机及冲孔机处理，然后通过碳硫分析仪器或氧氮分析仪器检测其碳硫或气体成分；铁样通过磨制后进入 X 射线荧光仪检测其成分；渣样通过治渣机（破碎、研磨、压样机）后同样由 X 射线荧光仪检测其成分。不同样品检测及回传到现场的时间可控制在：

钢样	≤3min
铁样	≤6min
渣样	≤8min
碳硫	≤5min
氮氧	≤7min

整个全自动检测分析的信息源头从生产开始，首先生产单位使用自己的系统（炼钢生产管控等）创建委托单发送给"数据共享系统"，"数据共享系统"收到委托单后，生成样号，同时在"冶炼分析中心系统"上注册样号。"冶炼分析中心系统"会根据注册的样号分配在对应的发送站上，生产现场选中样号并发送对应的实物样品，这时"冶炼分析中心系统"会根据设定好的样号意义将样品分配到指定的风动传送系统上，再将样品分配到制样系统，最终分配到相应的分析仪器上，得到的分析结果转入"实验室数据处理系统"，"实验室数据处理系统"将结果发送给"数据共享系统"，现场人员可在"数据共享系统"上查到检测数

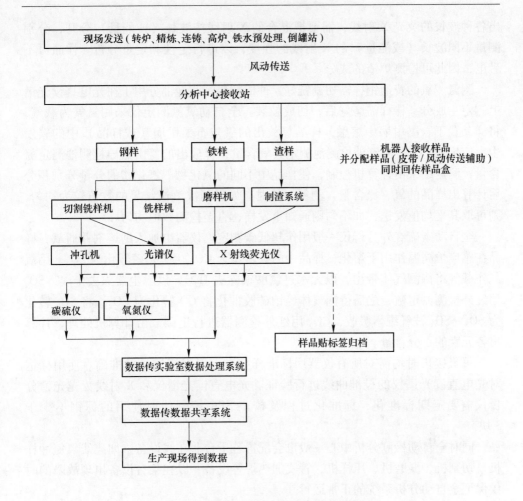

图 6-1　钢铁冶金在线自动检测流程图

据。"实验室数据处理系统"是为配有多台检测仪器并可实现快速自动化检测而设计的数据处理系统，主要功能为从仪器上收集分析结果、把数据合并成一个完整结果，并将结果分配到远程终端目标（生产现场的远程联网计算机）。

在线自动检测的各类分析仪器的原理如下：

光电直读光谱仪的分析原理是将加工好的块状样品作为一个电极，用光源发生器使样品与下电极之间激发发光，并将该光束引入分光计，通过色散元件分解成光谱。光电倍增管将分析线的辐射能转换成电能并储存在电容器中。对选定的内标铁线和分析线的强度进行光电测量，根据用标准样品制作的校准曲线，求出分析样品中待测元素的含量。

X 射线荧光光谱分析仪的分析原理是用 X 射线照射样品时，样品可以被激发出各种波长的荧光 X 射线，需要把混合的 X 射线按波长（或能量）分开，分别测量不同波长（或能量）的 X 射线的强度，以进行定性和定量分析。样品可不带电，因此可检测炉渣的成分。

测氮、氧的普通钢样需切割铣好，冲成粒装，其他部分用于在光电直读光谱上测定主成分，棒样需磨好后，切成粒装。全自动氧氮测定仪采用氦气为载气，将样品置于石墨坩埚中熔融，样品释放出的氧与石墨坩埚（或样品）中的碳发生反应生成 CO_2，由红外检测池测定其氧含量，释放出的氮由热导检测池测定氮含量，测定结果由计算机控制，使样品中不同的氧化物、氮化物的分量分别积分后计算出样品的氧、氮含量。测氮、氧时，如果两次测试结果的数值较为均匀，则可取其平均值发送，如不匀则通知重发样，直至检测数值均匀。

全自动碳硫红外分析仪一般用作超低碳测定。仪器中加入助熔剂并通氧，样品在感应炉高温作用下熔化，样品中的碳转化为 CO、CO_2；硫转化为 SO_2，用氧气作载气将待测气体带出，以无水过氯酸镁除去 H_2O，以滤尘器除去尘埃，SO_2 用红外检测器定硫，之后待测气体经铂硅胶催化将 CO 转化为 CO_2，将 SO_2 转化为 SO_3，SO_3 被纤维素吸收，CO_2 用红外检测器进行定碳，由计算机处理，计算出各元素的百分含量。

每班接班时均需对所有仪器用标准样校准，以保证测试的准确。使用标钢对光电直读光谱仪的校准曲线进行验证。光电直读光谱仪和 X 射线荧光光谱分析仪需要定期标准化，标准化过程及校正 SPC 控制线时使用的标钢不少于 3 块。

同时全自动检测分析中心一般也会配置若干台非在线设备，如离线氧氮冲样机、切割机、振磨机、压样机、管式加热炉等设备，以在某台设备出现故障的时候保证全自动分析系统的正常运行。

6.2　离线检测

6.2.1　物理性能检测

6.2.1.1　拉伸试验

钢板的拉伸试验用于测定热轧板及冷轧产品的一系列强度指标及塑性指标，指标涉及条件屈服强度 $\sigma_{0.2}$、抗拉强度 σ_b（此时对应最大力的应力）、伸长率 δ 和断面收缩率 ψ 等。钢板拉伸试验一般使用 50kN 全自动电子拉伸试验机。测试过程中还会记录上屈服点（σ_{su}）（即样品发生屈服，力首次下降前的最高应力）及下屈服强度（σ_{sL}）（即在屈服期间，不计初始瞬时效应时的最低应力），同时由电脑绘制出抗拉曲线。

钢板拉伸试验使用的技术标准为 GB/T 2975《钢及钢产品的力学性能试验取

样位置及试样制备》及 GB/T 228《金属材料室温拉伸试验方法》。使用的拉伸样品如图 6-2 所示，一般的板厚为 0.1~0.5mm（含 0.5mm）的钢板应取 12.5mm×80mm 尺寸的样品用做拉伸试验；板厚大于 0.5mm 的钢板应取 20mm×45mm 尺寸的样品用做拉伸试验。

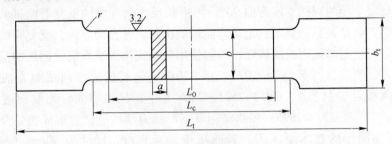

图 6-2　拉伸样品

a—样品原始厚度；b—样品宽度；L_0—原始标距，$L_0 = K\sqrt{s_0}$，K 为比例系数；

L_c—平行长度，$L_c \geqslant L_0 + \dfrac{1}{2}b$；$L_t$—样品总长度；

b_t—样品夹持部分的宽度；r—过渡圆弧半径

6.2.1.2　硬度测试

钢板的硬度测试按照测试方法主要包括洛氏硬度、布氏硬度及维氏硬度测试，三种硬度测试方式得出的结果可以相互换算。冷轧产品由于厚度较薄，一般采用维氏硬度测试方法，使用维氏硬度计做测试。测试执行标准为 GB/T 2975《钢及钢产品力学性能试验取样位置及试样的制备》、GB/T 4340.1—2009《金属维氏硬度试验 第 1 部分试验方法》、GB/T 230.1—2004《金属洛氏硬度试验 第 1 部分试验方法》及 GB/T 231.1—2002《金属布氏硬度试验 第 1 部分试验方法》。样品制作的技术要求为样品的表面要光滑平面，不得有外来污物；样品表面粗糙度不小于 0.2μm，样品或试验层厚度至少应为压痕对角线长度的 1.5 倍；试验后非试验面不出现可见变形，样品测试面尺寸一般要求为 45mm 直径的圆形。

6.2.1.3　金相测试

钢板的金相测试用于钢坯、钢板的金相组织及夹杂物观察、晶粒度评级及夹杂物评级。使用磨样机、抛光机对样品进行加工，使用金相显微镜及配套计算机和软件做组织、夹杂物观察及相关参数的评级计算。测试执行标准为 GB/T 13298《金相显微组织检验方法》。样品制作的技术要求为：加工过程中不能产生变形，炼钢样品尺寸为 20mm×20mm×20mm，轧制样品的加工尺寸为 20mm（横向）×30mm（轧向），必须标明轧制方向。

6.2.1.4　反复弯曲性能测试

反复弯曲试验一般为冷轧产品的测试项目，是将矩形横截面样品的一端固定，绕规定半径的圆柱支座弯曲90°，再沿相反方向弯曲的重复弯曲试验，直至样品断裂，数显表自动显示，记录弯曲试验次数，并自动停机，反复弯曲性能可以从一定程度上体现钢板的韧性，一般使用机动式弯折试验机做钢板的反复弯曲性能测试。测试执行标准为 GB/T 235—2013《金属反复弯曲试验方法（厚度≤3mm薄板及带材）》、GB/T 2521—2008《冷轧晶粒取向、无取向磁性钢带（硅钢带）》及 GB/T 2975—1998《钢及钢产品力学性能试验取样位置及试样制备》。样品制作的技术要求为：表面质量符合标准，尺寸为 30mm（横向）×300mm（轧向）。

6.2.1.5　涂镀层附着性试验

钢板的涂镀层附着性试验同样主要为冷轧产品设置，是为了测量涂料附着在钢板上的牢固程度。根据钢种不同，附着性可选用锤击法或缠绕法进行测试。使用锤击法时，将样品水平放置，锤头面向台架中心，锤柄与底座平面垂直后自由落下，以 4mm 的间隔平行敲击 5 个点，敲击后涂镀层不脱落即为合格；缠绕法是指取一条形样品，依次在直径为 30mm、20mm 及 10mm 的圆柱上做缠绕，肉眼观察涂镀层脱落情况，并记录分级。样品制作的技术要求为：锤击法的样品面积不小于10000mm^2，缠绕法的样品钢条宽度一般为 30mm（圆柱宽度 35mm），长度不小于 100mm。

6.2.1.6　扫描电子显微镜（SEM）及 X 射线衍射仪

SEM 用于观察各种钢样组织及夹杂物的微观形貌，放大倍数远高于金相显微镜。可配备能谱仪（EDS），用作分析所关注区域的成分组成；可配备电子背散射衍射（EBSD）组件，用作分析所关注区域的微观织构组成。样品尺寸要求与金相样品相同，样品可根据要求做抛光腐蚀处理或不抛光。当前大型钢厂一般配备场发射电子显微镜以提供比普通钨灯丝扫描电子显微镜更好的观测视场。另外为了配合 EBSD，可使用 X 射线衍射仪（XRD）对钢样进行宏观织构分析。

6.2.1.7　低倍组织检测

低倍组织检测主要针对钢坯产品，一般采用酸蚀法侵蚀出组织后拍照，使用计算机对钢坯断面的照片进行分析，从而统计出钢坯断面的等轴晶率，进而评价钢坯的质量（等轴晶率越高，钢坯质量越好）。执行的标准为 GB 226—91《钢的低倍组织及缺陷酸蚀检验法》。样品一般取自连铸头尾坯的头尾切废的断面。

6.2.1.8 全自动夹杂物分析

全自动夹杂物分析仪配置常规扫描电镜及能谱分析仪，同时可对大尺寸样品进行自动扫描分析，得到所检验面积内的夹杂物数量、尺寸、形貌、成分及位置等信息。可极大地提高夹杂物统计分析的速度，一般检测 $100mm^2$ 面积内的 5000 个夹杂物，仅需 1h 左右。测试前需与专业人员核实规则文件、向量文件等测试条件。样品尺寸要求与 SEM 相同。

6.2.2 化学分析

6.2.2.1 涂镀层涂布量及其成分分析

涂镀层的涂布量（主成分，g/m^2）及其成分分析，采用 X 射线荧光检测方法。由 X 射线管发出的一次 X 射线激发涂镀层，使涂镀层所含元素辐射出特征荧光 X 射线，根据谱线的波长和强度对被测涂镀层中元素进行定性和定量分析。执行标准为 GB/T 16921《金属覆盖层 覆盖层厚度测量 X 射线光谱方法》。样品尺寸与硬度检测相同，涂镀层涂布量及其成分检测一般安排在硬度检测前。

6.2.2.2 相关介质及样品的成分检测

脱脂液、涂层液及氧化铁粉等的成分检测，使用电感耦合等离子体发射光谱法（ICP）。将制好的样品溶解，过滤定容，控制一定的酸度。将样品溶液引入 ICP 光谱，通过光电测量记录分析线的强度，根据标准溶液制作的工作曲线，求出样品分析元素的含量。执行标准参考 GB/T 20125《低合金钢 多元素的测定 电感耦合等离子体发射光谱法》、GB/T 602《化学试剂 杂质测定用标准溶液的制备》及 GB/T 603《化学试剂 试验方法中所用制剂及制品的制备》。样品取自生产现场或其他对比样品。

6.2.2.3 钢中碳硫及氧氮的检测

与在线自动检测使用的设备及原理相同。钢中碳硫的检测使用碳硫红外分析仪（使用离线功能配置），原理为：

碳的检测：在氧气流中燃烧将碳转化成一氧化碳和或二氧化碳。利用氧气流中二氧化碳和一氧化碳的红外吸收光谱进行测量。

硫的检测：在氧气流中燃烧将硫转化成二氧化硫。利用氧气流中二氧化硫的红外吸收光谱进行测量。

钢中氧氮的检测使用氧氮测定仪（使用离线功能配置），原理为：

氧的检测：氧是通过红外吸收检测的。首先氧以一氧化碳和极少量的二氧化碳形式进入氧化铜催化装置使 CO 转化成 CO_2，随后气体进入红外检测池，把叠加的 CO_2 测定出来，通过计算得到总氧含量。

氮的检测：氮通过热导检测，样品中释放的气体通过加热氧化铜催化将 CO 转化成 CO_2 同时将氢气转化成 H_2O 后，再通过氢氧化钠/无水高氯酸镁将 CO_2 和 H_2O 完全吸收以防止进入热导池，只有氮气进热导池，将氮的含量检测出来。

执行的标准为 GB/T 223.1《钢铁及合金中碳量的测定》、GB/T 223.2《钢铁及合金中硫含量的测定》、GB/T 11261《钢铁氧含量的测定 脉冲加热惰气熔融-红外线吸收法》及 GB/T 20124《钢铁氮含量的测定 惰性气体熔融热导法》。样品重量需大于 1g。

6.2.2.4　水质分析

水质分析需要检测的指标比较多，主要包括 pH 值、电导率、碱度、硬度、氯化物含量、水中余氯、浊度、溶解氧、悬浮物含量、溶解固体含量、泥浆沉降比、化学需氧量（COD）、工业废水五日生化需氧量、总铬含量、六价铬含量、硫酸盐含量、循环冷却水中二氧化硅、色度、铁、氨氮、总磷、石油类含量、阴离子表面活性剂含量及密度等。此处不再一一详述，仅列检测标准以供参考，如下所示。

执行或参考标准涉及 GB/T 22592—2008《水处理剂 pH 值测定方法通则》、《水和废水监测分析方法》、GB 7477—87《水质 钙和镁总量的测定 EDTA 滴定法》、GB 11896—89《氯化物的测定 硝酸银滴定法》、GB 5750—85《生活饮用水标准检验法》、GB 13200—91《水质 浊度的测定》、GB 11901—89《水质 悬浮物的测定》、GB/T 14415—2007《工业循环冷却水和锅炉用水中 固体物质的测定》、GB 11914—89《水质 化学需氧量的测定 重铬酸盐法》、GB 7488—87《水质 五日生化需氧量（BOD5）的测定 稀释与接种法》、HG5-1508—85《工业循环冷却水中二氧化硅测定方法》、GB 11893—89《水质 总磷的测定 钼酸铵分光光度法》、GB/T 11989—2008《阴离子表面活性剂 石油醚溶解物含量的测定》及《密度计法》等。

6.2.2.5　乳化液分析

乳化液分析所涉及的指标主要包括乳化液温度、pH 值、电导率、皂化值、浓度、总铁含量、灰分含量、游离脂肪酸、稳定系数（ESI）、氯离子含量、细菌总数及酸、碱浓度等。

执行或参考标准涉及 CTN：C012（99/05）、CTN Z035（99/05）、CTN Z037（07/09）、CTN Z036（07/09）及 CTN A004（99/08）等。

6.2.2.6　油品分析

油品分析所涉及的指标主要包括油品的清洁度、闪点、燃点、运动黏度、酸值、水分含量、倾点及凝点等。

执行或参考的标准涉及 DL/T 432《电力用油中颗粒污染度测量方法》、GB/T 514《石油产品试验用液体温度计技术条件》、SH/T 0004《橡胶工业用溶剂油》、SH/T 0318《开口闪点测定器技术条件》、GB/T 261—2008《标准油闪点 闭口闪点标准》、GB/T 265—1988《石油产品运动黏度测定法和运动黏度计算法》、GB/T 264—1983《石油产品酸值测定法》、GB/T 260—2016《石油产品水分测定法》、GB/T 3535—2006《石油产品倾点测试法》及 GB/T 510—1983《石油产品凝点测定法》等。

6.2.2.7　涂层厚度方向上的元素分布分析

采用辉光放电光谱仪（GDS），可以分析距钢板表面厚度 0.05~100μm 范围的元素组成，这非常适合对钢板涂层及钢板近表面状态的分析。执行标准为 GB/T 32997—2016《表面化学分析 辉光放电发射光谱定量成分深度剖析的通用规程》。样品尺寸要求为 35mm×35mm，板厚不小于 0.08mm。

6.2.2.8　煤的检测

采用热重分析仪对煤的灰分、挥发分进行检测；采用微波干燥法对煤的水分进行检测。执行标准为 GB/T 212—2001《煤的工业分析方法》。样品尺寸按相关设备中所能放的坩埚容积准备。

6.2.2.9　石灰石/白云石的检测

采用火焰原子吸收光谱法测定石灰石和白云石中的 CaO、MgO、MnO、Al_2O_3 及 Fe_2O_3 等组分的含量。原理为用盐酸、氢氟酸分解样品，高氯酸冒烟驱尽氢氟酸。在氯化锶存在下，试液喷入空气-乙炔的火焰中，用镁空心阴极灯做光源，于原子吸收光谱仪波长 285.2nm 处测量各组分的吸光度。执行标准为 GB/T 3286.8—2014《石灰石及白云石化学分析方法》。样品的粒度应小于 0.125mm。

6.3　科研检测方法

在进行钢铁板材的品种或工艺研发时，需结合工艺情况对各工序进行取样，并采用合适的检测方法，从而分析相关原理，并指导生产实践。表 6-1 是各工序的常见取样方法及测试项目。

表 6-1　科研取样检测方法

工序	取样标准	样品加工尺寸	测试项目
炼钢	取桶样（转炉、精炼、中间包）	20mm×20mm×20mm	SEM-EDS[1]
		20mm×20mm×20mm	夹杂物自动分析[1]
	铸坯样（可切取角样）	一面磨平/钻屑	成分（光电直读、氮氧、碳硫分析仪）[2]
		20mm×20mm×20mm	SEM-EDS[1]
		20mm×20mm×20mm	夹杂物自动分析[1]
		铸坯断面	等轴晶率[1]
	渣样（RH、保护渣）	≥50g，粒径≤20mm	物相组成（荧光光谱）[2]
		原样（长宽高均<65mm）/镶样	SEM-EDS[1]
热轧	热轧板（酸连轧或常化酸洗产品上线时取样）	20mm×20mm×板厚	金相[1]
		20mm×20mm×板厚	SEM-EDS[1]
		20mm×20mm×板厚	夹杂物自动分析[1]
		30mm×30mm×板厚（去氧化层、测表面）	XRD 织构检测[1]
		300mm×板宽×板厚	拉伸试验、硬度（洛氏、维氏、布氏）[1]
冷轧	常化板	20mm×20mm×板厚	金相[1]
		20mm×20mm×板厚	SEM-EDS[1]
		20mm×20mm×板厚（去涂层、测表面）	夹杂物自动分析[1]
		30mm×30mm×板厚（去涂层、测表面）	XRD 织构检测[1]
		300mm×板宽×板厚	拉伸试验、硬度（洛氏、维氏、布氏）[1]

续表 6-1

工序	取样标准	样品加工尺寸	测试项目
冷轧	轧硬卷（冷轧卷）	20mm×20mm×板厚	金相①
		30mm×30mm×板厚（去涂层、测表面）	XRD 织构检测①
	连退卷	30mm×300mm×板厚（去涂层、4 片）	成分（ICP、氮氧、碳硫分析仪）
		20mm×20mm×板厚	金相①
		20mm×20mm×板厚	SEM-EDS①
		20mm×20mm×板厚（去涂层、测表面）	夹杂物自动分析①
		30mm×30mm×板厚（去涂层、测表面）	XRD 织构检测、EBSD 微观织构①
		350mm×350mm×板厚（2 片）	拉伸试验、维氏硬度、反弯、附着性、涂层 X 荧光①
		35mm×35mm×板厚	GDS①

注：含涂层/氧化层的样品在检测前需提前将其碱洗去除涂层/氧化层。

①为可在离线检测中心测得数据，其余为两者均可；②为可在数据共享系统中获取数据（在线自动检测中心）。

7 板材一贯制生产研发技术

板材的生产是个复杂的长生产流程，各段工序的工艺变化均可能会对前后工序产品状态产生影响，并"波及"最终的成品质量。另外，用户对板材质量的要求越来越高，仅从某段工艺考虑来优化产品性能已不能完全达到用户的要求。因此，板材产品的研发及工艺改进均应从全流程一贯制的角度予以考虑并实施。下面将以45优质碳素结构钢及X65MS为典型来介绍热轧板材的一贯制生产研发技术，其中后者使用精炼双联工艺；以50W800为典型来介绍冷轧退火板材的一贯制生产研发技术。

7.1 45优质碳素结构钢热轧板材

45优质碳素结构钢牌号中的数字45代表钢中碳的名义万分含量，即表示钢中碳的含量为0.45%。此钢种用于制造要求韧性的各种机械零件、精密设备原件、建筑工程用结构件及工程机械结构件等。

通过之前的技术经验积累并结合查阅的标准及文献，可总结出45优质碳素结构钢热轧板卷的关键指标要求为：

抗拉强度　　　　　　≥600MPa

屈服强度　　　　　　≥355MPa

伸长率　　　　　　　≥16%

断面收缩率　　　　　≥40%

这要求热轧成品的组织形态为均匀的块状铁素体（非先共析铁素体）+片状珠光体；要求成分控制为：较低的P、S，适量的C、Si、Mn。确定目标成分如表7-1所示。

表7-1　45优质碳素结构钢热轧板材成品成分要求

成分	C	Si	Mn	P	S
含量/%	0.43~0.50	0.20~0.35	0.60~0.80	≤0.025	≤0.015

为实现上述指标需按下述工艺执行。取样方法参照表6-1，其中炼铁及炼钢工序样品实时风动送至在线自动检测中心进行检测，其他工序样品送至离线检测实验室，以最快速度指导现场生产或研发。

7.1.1 炼钢技术控制单

7.1.1.1 铁水条件

铁水温度不小于1300℃。可采用喷镁法或KR法进行铁水脱硫，进脱硫站铁水S≤0.035%，铁水脱硫目标值S≤0.0055%。采用两次扒渣工艺，扒渣后保证露铁水液面90%以上。

工艺目标：通过保证高炉铁水的S含量，有效的铁水预处理脱硫工艺，尽量降低入炉（转炉）前铁水S含量。

7.1.1.2 转炉装入制度

废钢比为10%，具体的废钢配比参照表2-3中所述；其余为脱硫后的铁水。

工艺目标：使用较低的废钢比，控制因废钢的加入所导致的S含量的增加。

7.1.1.3 造渣制度

碱度控制在3.0~4.0。

工艺目标：保证良好的脱磷脱硫条件，使终点成分符合工序要求。

7.1.1.4 转炉终点成分控制

转炉终点目标成分见表7-2。

表7-2 转炉终点成分及温度要求

成分/%			出钢温度/℃
C	P	S	
0.010~0.015	≤0.025	≤0.02	1625~1645

工艺目标：通过吹炼，使终点C、P、S成分符合工序要求。

7.1.1.5 出钢

出钢时间不小于4min，采用挡渣出钢，保证渣层厚度不大于80mm；出钢过程中钢包开启在线底吹氩；出钢过程加入合成渣，参考加入量4kg/t钢水。

使用铝铁脱氧，采用硅锰合金调Si，不足的Mn用高碳锰铁调整，吸收率及加入量参考3.1.9节。成分调整后保证LF到站成分如表7-3所示。

表 7-3　LF 到站成分及温度要求

成分/%					精炼到站目标温度/℃
C	Si	Mn	P	S	
0.38~0.43	0.15~0.20	0.50~0.60	≤0.025	≤0.02	1535~1550

工艺目标：脱氧，粗调 Si 及 Mn 的成分，防止回硫。

7.1.1.6　LF 精炼

LF 炉总处理时间控制在 45~55min。钢包到站后开氩气底吹，以不裸露钢液面为准。

LF 炉进行造白渣处理，造渣料使用白灰、铝矾土、萤石，要尽早加入，加入量可参考 3.3.3 节。加铝粒进行渣脱氧，参考加入量为 1kg/t 钢水，以保证钢水的扩散脱氧效果。在供电加热 10min 内形成白渣，保证终渣 TFe+MnO<1.0%，处理过程中保持炉内还原性气氛。造渣后取样，根据分析结果进行成分调整，用硅铁调 Si，中碳锰铁调 Mn，吸收率及加入量参考 3.1.9 节，确保 LF 精炼后成分符合表 7-4 要求。LF 成分调整后，进行钙处理，使用 Si-Ca/纯 Ca 线做喂线操作，加入量参考 3.3.1 节中相关内容，喂线结束后软吹时间不少于 10min。

LF 炉处理结束温度控制在 1535~1545℃。

表 7-4　LF 结束目标成分要求

成　分	C	Si	Mn	P	S
含量/%	0.43~0.50	0.20~0.35	0.60~0.80	≤0.025	≤0.015

工艺目标：精调 Si、Mn 合金成分，脱硫到成品目标值，并保证增碳不大于 0.05%；控制夹杂物形貌及数量，保证多炉连浇的稳定性；控制温降，为连铸提供温度保障。

7.1.1.7　板坯连铸

严防大包下渣，采用全保护浇铸。使用无碳中包覆盖剂，超高碳钢保护渣。每炉钢开浇后 10min 取成品样。

浇铸时中间包温度控制在 1505~1520℃（参考液相线温度为 1495℃）。目标拉速为 1.2m/min。

工艺目标：保证浇铸过程中气体成分不增加，提高钢水纯净度；维持高拉速。

7.1.2　热轧技术控制单

7.1.2.1　加热工艺

45 优质碳素结构钢应采用热装工艺，加热采用高温快烧工艺，板坯的整体加热时长控制在 200min 以下。45 优质碳素结构钢的加热工艺按表 7-5 执行。

表 7-5　45 优质碳素结构钢的板坯加热制度

加热段温度/℃	均热段温度/℃	目标出钢温度/℃	在炉时间/min
1200~1330	1210~1320	1210~1320	150~200

工艺目标：尽量减轻加热过程中的脱碳。

7.1.2.2　轧钢及冷却工艺

粗轧及精轧段各工艺点温度控制如表 7-6 所示。粗轧可在 0+5、1+5、3+5 或 3+3 轧制模式中选择。中间坯厚度/成品厚度不小于 3.0。为达到设定的卷取温度，关闭层冷及侧喷水。钢带表面质量、尺寸、外形、重量及允许偏差按相关标准执行。

表 7-6　45 优质碳素结构钢板坯的轧钢及冷却温度控制

成品厚度范围/mm	RT2 温度/℃	终轧温度/℃	卷取温度/℃
<3.0	1050~1100	850±20	720±20
3.0~6.0	1040~1090	850±20	710±20
>6.0	1030~1080	840±20	700±20

工艺目标：终轧后采用空冷工艺（接近热处理的正火工艺），保证冷却前温度在 A_{c3} 以上 30~50℃，使冷却前钢板奥氏体均匀化的同时，奥氏体晶粒不过分长大，防止网状铁素体的形成（魏氏组织），组织控制为均匀的块状铁素体+片状珠光体；同时控制成品表面氧化。

7.2　X65MS 热轧板材

X65MS 牌号的意义为：X 系列来源于美国 API 钢管标准。65 是指成品热轧板最低屈服强度为 65ksi（ksi 为英制单位，65ksi = 448.2MPa），M 表示热轧（TMCP），S 为英文"sour"的缩写，表示酸性服役条件。

通过之前的技术经验积累并结合查阅的文献，可总结出 X65MS 抗酸管线钢的关键性能为抗硫化氢腐蚀性能及强度，要想获得良好的抗硫化氢腐蚀性能及强度，要求成品 X65MS 热轧板组织形态为均匀的铁素体及少量富碳相（珠光体+MA 岛），晶粒度不小于 12 级；要求成分控制为：极限低的 P、S、N、H、O，较低的 Mn，适量的 C、Si、Cu、Ni、Cr、V、Nb、Ti。确定目标成分如表 7-7 所示；并控制夹杂物尺寸不大于 20μm。

表 7-7　X65MS 板材成品成分要求

成分	C	Si	Mn	P	S	Al$_t$	N	O
含量/%	0.030~0.045	0.15~0.23	0.95~1.10	≤0.010	≤0.001	0.025~0.040	≤0.004	≤0.002

成分	H	Nb	V	Ti	Cr	Ni	Cu
含量/%	≤0.00015	0.02~0.05	0.01~0.05	0.015~0.020	0.10~0.15	0.10~0.15	0.10~0.20

为实现上述指标，需按下述工艺执行。取样规则与 7.1 节中所述相同。

7.2.1　炼钢技术控制单

7.2.1.1　铁水条件

铁水温度不小于 1300℃，进脱硫站铁水 S≤0.030%。采用 KR 铁水脱硫工艺，铁水脱硫目标值 S≤0.003%，入炉（BOF）铁水要求 S≤0.005%。要求二次扒渣，第一次扒渣后向铁包中加入聚渣剂，3min 后进行第二次扒渣，扒渣后要保证露铁水液面 90% 以上。

工艺目标：通过保证高炉铁水的 S 含量，有效的铁水预处理脱硫工艺，尽量降低入炉前铁水 S 含量。

7.2.1.2　转炉装入制度

参照表 2-4，废钢比为 6%，全部采用低硫废钢；其余为脱硫后的铁水。Cu 板和 Ni 板随废钢加入转炉，吸收率及加入量参考 3.1.9 节。

工艺目标：使用低硫废钢，并采用较低的废钢比，控制因加入废钢所导致的 S 含量的增加；调 Cu 及 Ni 含量。

7.2.1.3　造渣制度

碱度控制在 3.0~4.0。

工艺目标：保证良好的脱磷脱硫条件，使终点成分符合工序要求。

7.2.1.4　转炉终点成分控制

转炉终点目标成分见表 7-8。力争一次拉碳成功，避免后吹，防止 N 超标。

表 7-8　转炉终点成分及温度要求

成分/%			出钢温度/℃
C	P	S	
0.020~0.035	≤0.01	≤0.0055	1665~1685

工艺目标：通过吹炼，使终点 C、P、S 成分符合工序要求。

7.2.1.5　出钢

出钢时间不小于 5min，采用挡渣出钢，保证渣层厚度不大于 80mm；出钢过程中钢包开启在线底吹氩；出钢前期加入石灰及萤石等渣改质剂；出钢后在渣面加缓释脱氧剂以降低顶渣的氧化性。

使用铝铁脱氧，同时调 Al，采用微碳锰铁调 Mn，硅铁调 Si，钒铁调 V，铌铁调 Nb，低碳铬铁调 Cr，吸收率及加入量参考 3.1.9 节。成分调整后保证 LF 到站成分如表 7-9 所示。

表 7-9　LF 到站成分及温度要求

成分/%					精炼到站目标温度/℃
C	Si	Mn	P	S	
0.020~0.035	0.10~0.15	0.90~1.00	≤0.01	≤0.0050	
Cu	V	Nb	Cr	Al_t	1570~1600
0.15~0.20	0.01~0.05	0.02~0.05	0.10~0.15	0.03~0.04	

工艺目标：脱氧，粗调 Al、Mn、Si、V、Nb 及 Cr 的成分，降低顶渣的氧化性，防止氧化合金元素。

7.2.1.6　LF 精炼

LF 炉总处理时间控制在 55~65min。钢包到站后开氩气底吹，以不裸露钢液面为准。

造渣料使用合成渣、白灰及铝矾土，加入量可参考 3.3.3 节，尽早加入，尽量不用萤石。加铝粒进行渣脱氧，参考加入量为 1kg/t 钢水，以保证钢水的扩散脱氧效果。在供电加热 15min 内形成白渣，保证终渣 TFe+MnO<1.0%，处理过程中保持炉内还原性气氛。造渣时底吹氩流量控制在极限值的 50% 左右，造渣结束后采用强搅拌（底吹氩流量全开）进行深脱硫 15min。然后用硅铁调 Si，微碳锰铁调 Mn，低碳铬铁调 Cr、钛铁调 Ti。吸收率及加入量参考 3.1.9 节，确保 LF 精炼后成分符合表 7-10 要求。

LF 炉处理结束温度控制在 1610~1620℃。

表 7-10　LF 结束目标成分要求

成分	C	Si	Mn	P	S	Al$_t$
含量/%	0.030~0.045	0.16~0.22	1.00~1.10	≤0.010	≤0.001	0.03~0.04
成分	Nb	V	Ti	Ni	Cu	Cr
含量/%	0.02~0.05	0.01~0.05	0.015~0.020	0.10~0.15	0.15~0.20	0.10~0.15

工艺目标：精调 Si、Mn、Cr 及 Ti 的成分，深脱硫，确保 S 含量不大于 10ppm，控制增碳不大于 10ppm，控制温降不大于 80℃，为 RH 精炼提供温度保障。

7.2.1.7　RH 精炼

RH 总处理时间控制在 40~50min。使用 RH 脱气模式控制，抽深真空，真空脱气时间约为 20min。RH 真空处理期间关闭底吹氩，破真空后至开始喂线前，开底吹氩，以钢液面不裸露为准。

到站循环 3min 后取样，视检测的铝损情况安排是否调 Al，如需调 Al，一次性调好，后循环不小于 5min。RH 处理期间一般不调合金元素，只对气体元素进行脱除，确保 N 含量不大于 40ppm、O 含量不大于 15ppm 及 H 含量不大于 1.5ppm。确保 RH 结束成分符合表 7-11。

RH 处理结束温度控制在 1570~1580℃。

表 7-11　RH 结束目标成分要求

成分	C	Si	Mn	P	S	Al$_t$	N	O
含量/%	0.030~0.045	0.16~0.22	1.00~1.10	≤0.01	≤0.001	0.03~0.04	≤0.0035	≤0.0015

成分	H	Nb	V	Ti	Ni	Cu	Cr	
含量/%	≤0.00015	0.02~0.05	0.01~0.05	0.015~0.020	0.08~0.12	0.15~0.20	0.10~0.15	

真空处理后，采用钙处理工艺，使用 Si-Ca/纯 Ca 线进行喂线操作，加入量参考 3.3.1 节中相关内容，喂线时关闭底吹以保证 Ca 与钢中夹杂物间的充分反应。喂线后进行软吹，时间不少于 10min。

工艺目标：去除钢中气体成分，保证 N 不大于 40ppm、O 不大于 15ppm 及 H 不大于 1.5ppm，保证夹杂物尺寸不大于 20μm，并确保连浇的稳定性。

7.2.1.8 板坯连铸

严防大包下渣，采用全保护浇铸。浇铸全程长水口套管使用氩气保护，以中间包钢水不翻为准；使用高碱度中包覆盖剂，覆盖剂参考加入量为 2.5kg/t 钢水；中间包上水口、板间及塞棒采用氩气密封，控制总流量，保证钢水不翻。

使用管线钢专用保护渣。

浇铸时中间包温度控制在 1535~1550℃（参考液相线温度 1520℃）。目标拉速为 0.9m/min。

工艺目标：保证浇铸过程中气体成分不增加，防止回硫，提高钢水纯净度（减少夹杂及控制总氧）。

7.2.2 热轧技术控制单

7.2.2.1 加热工艺

X65MS 抗酸管线钢的加热工艺按表 7-12 执行。保证板坯在 1200℃ 左右均热时长 50~60min。

表 7-12 X65MS 板坯加热制度

成品厚度范围/mm	宽度范围/mm	加热段温度/℃	均热段温度/℃	目标出钢温度/℃	在炉时间/min
<6	≤1600	1150~1250	1160~1240	1200±30	200~260
	>1600	1170~1270	1180~1260	1220±30	
6~8	≤1600	1140~1240	1150~1230	1190±30	
	>1600	1160~1260	1170~1250	1210±30	

成品厚度范围/mm	宽度范围/mm	加热段温度/℃	均热段温度/℃	目标出钢温度/℃	在炉时间/min
8~12	≤1600	1140~1240	1150~1230	1190±30	200~260
	>1600	1150~1250	1160~1240	1200±30	
≥12	—	1130~1230	1140~1220	1180±30	

工艺目标：保证 Nb、V 及 Ti 的析出物的充分溶解，并确保钢坯奥氏体晶粒的均匀且细化。

7.2.2.2　轧钢及冷却工艺

粗轧及精轧段各工艺点温度控制如表 7-13 所示。粗轧采用 1+5 或 3+3 轧制模式，粗轧单道次压下率大于 10%，单道次压下率逐渐上升，最大达到 25% 以上。层流冷却采用前端快冷模式，尽快冷却到目标温度。钢带表面质量、尺寸、外形、重量及允许偏差按相关标准执行。

表 7-13　X65MS 板坯轧钢及冷却温度控制

成品厚度范围/mm	宽度范围/mm	RT2 温度/℃	终轧温度/℃	卷取温度/℃
<6	≤1600	970~1020	870±20	580±20
	>1600	990~1040		
6~8	≤1600	950~1000	860±20	
	>1600	960~1010		
8~12	≤1600	930~980		
	>1600	950~1000		
≥12	≤1600	920~970	850±20	
	>1600	930~980		
	>1600	920~970		

工艺目标：采用粗轧大压下率，高终轧温度及高的冷却速度，确保成品组织细化、均匀化及形成符合要求的富碳相组织形态。

7.3 50W800 退火卷

50W800 牌号的意义为：50 是指冷轧成品板厚为 0.5mm，W 指无取向硅钢，800 指成品板铁损值小于 8W/kg。

通过之前的技术经验积累并结合查阅的文献，可总结出 50W800 牌号无取向硅钢的关键性能为磁性能。磁性能主要包含铁损和磁感两项指标，低的铁损及高的磁感值代表更好的磁性能。而目前满足 50W800 牌号无取向硅钢成品市场要求的铁损典型值为 4.2~4.4W/kg，磁感要求为 1.73~1.74T。这就要求 50W800 牌号成品冷轧无取向钢板组织应为合适尺寸均匀的铁素体，晶粒度为 7~7.5。要求成分控制为：极限低的 C、S、N 及 Ti，较低的 P，适量的 Si、Al、Mn，其他杂质元素尽量低。确定成品的目标成分如表 7-14 所示。

表 7-14 50W800 板材成品成分要求

元素	C	Si	Mn	P	S	Al$_s$
含量/%	≤0.0030	1.00~1.10	0.20~0.30	≤0.025	≤0.0040	0.30~0.40
元素	N	Ti	B	Nb	V	
含量/%	≤0.0035	≤0.0025	≤0.0030	≤0.0030	≤0.0030	

为实现上述指标需按下述工艺执行。取样规则与 7.1 节中所述相同。

7.3.1 炼钢技术控制单

7.3.1.1 铁水条件

铁水温度不小于 1300℃，进脱硫站铁水 S≤0.030%、Ti≤0.1%（避免使用 Ti 矿护炉），铁水 Ti 高可采用铁水预脱钛工艺。铁水采用 KR 脱硫工艺，脱硫目标值为 0.0010%，入炉铁水 S≤0.0015%。采用两次扒渣工艺，扒渣后要保证露铁水液面不低于 95%。

工艺目标：通过保证高炉铁水的 S 及 Ti 含量，有效的铁水预处理脱硫工艺，尽量降低入炉前铁水 S 含量，并给转炉氧化脱钛到目标 Ti 成分提供良好的条件。

7.3.1.2 转炉装入制度

参照表 2-4，废钢比为 10%，采用厂内无取向硅钢回收废钢配加低硫废钢方式，低硫废钢比例不大于 25%；其余为脱硫后的铁水。

工艺目标：使用高比例厂内回收无取向硅钢及部分低硫废钢，并采用较低的废钢比，控制因加入废钢所导致的 S 含量的增加，此环节的铁水 S 含量直接决定成品 S 含量是否达标，并可控制其他杂质元素的混入。

7.3.1.3　造渣制度

碱度控制在 3.0~4.0。

工艺目标：保证良好的脱磷、脱硫条件，使终点成分符合工序要求。

7.3.1.4　转炉终点成分控制

转炉终点目标成分如表 7-15 所示。要求一次拉碳成功，严禁后吹，避免氮超标。铁水 Ti 满足上述要求时，钢中 Ti 经吹炼氧化后含量一般可低于 25ppm。

表 7-15　转炉终点成分及温度要求

目标成分/%			出钢温度/℃
C	P	S	
0.030~0.045	≤0.025	≤0.0035	1650~1670

工艺目标：通过吹炼，使终点 C、P、S 成分符合工序要求。

7.3.1.5　出钢

确保冶炼前出钢口状况良好，出钢时间不小于 5min，采用挡渣出钢，保证渣层厚度不大于 80mm。并保证精炼到站目标成分可达表 7-16 的要求。

表 7-16　RH 到站成分及温度要求

目标成分/%				到站温度/℃
C	P	S	a_0/ppm	
0.030~0.045	≤0.025	≤0.0035	400~800	1590~1610

工艺目标：出钢平稳；钢水不脱氧以供 RH 脱碳之用。

7.3.1.6　RH 精炼

RH 精炼处理时间控制在 50~60min。钢包到站后测温、定氧、取样（成分样及渣样），根据钢水中氧含量情况，使用自然脱碳模式或强制脱碳模式处理。脱碳结束后测温、定氧、取样，根据定氧结果，使用低碳硅铁脱氧并调硅，调硅后真空循环时间不少于 3min，使用铝粒调铝（主要指酸溶铝 Al_s），调铝后真空循环时间不少于 2min，使用微碳锰铁调锰。最后一次加料后到结束循环的时间要求不少于 5min。真空处理 20min 后要求 C≤25ppm。RH 处理结束后取结束样（成分桶样及渣样）、并测温，破真空后在浸渍管插入位置加白灰隔离钢液面（起保温作用）。确保 RH 结束成分符合表 7-17。

RH 精炼结束温度控制在 1570~1580℃。

表 7-17 RH 结束成分要求

成分	C	Si	Mn	P	S	Al$_s$
含量/%	≤0.0025	1.00~1.10	0.25~0.30	≤0.025	≤0.0035	0.25~0.40
成分	N	Ti	B	Nb	V	
含量/%	≤0.0030	≤0.0025	≤0.0030	≤0.0030	≤0.0030	

工艺目标：脱碳，使钢中 C≤30ppm；调整 Si、Al 及 Mn 的成分；同时控制气体成分 N 的量。

7.3.1.7 板坯连铸

严防大包下渣，采用全保护浇铸。浇铸全程长水口套管使用氩气保护，以保证中间包钢水不翻为准；使用无碳硅钢覆盖剂，以不露中间包钢液面为准；中间包上水口、板间及塞棒采用氩气密封，控制总流量，保证钢水不翻。使用硅钢专用保护渣。

浇铸时中间包温度控制在 1533~1548℃（参考液相线温度 1518℃）。目标拉速为 1.0m/min（拉速提高，中间包控制温度可一定程度的下浮）。

工艺目标：保证浇铸过程中气体成分不增加，保证钢水纯净度，尽量提高拉速。

7.3.2 热轧技术控制单

7.3.2.1 加热工艺

50W800 牌号无取向硅钢钢坯需放入保温坑进行保温，保证全热装，保温坑炉温控制在 400~500℃，其板坯的加热制度如表 7-18 所示。

表 7-18 50W800 板坯加热制度

加热段温度/℃	均热段温度/℃	目标出钢温度/℃	在炉时间/min
1060~1160	1070~1150	1110±30	≥190

工艺目标：采用较低的加热温度，减少 MnS 及 AlN 等夹杂的固溶析出，形成微小夹杂，在退火时可使冷轧板铁素体晶粒正常长大，从而保证较低的铁损值。

7.3.2.2　轧钢及冷却工艺

粗轧及精轧段各工艺点温度控制如表 7-19 所示。轧制模式按生产计划制定。层流冷却采用后端快冷模式，提高卷取温度，但温度不可过高。钢带表面质量、尺寸、外形、重量及允许偏差按相关标准执行，热轧成品厚度一般为 2 ~ 3mm，宽度为 1000mm 左右。

表 7-19　50W800 板坯轧钢及冷却温度控制

RT2 温度/℃	终轧温度/℃	卷取温度/℃
880 ~ 930	850±20	600±20

工艺目标：适当降低终轧温度，使钢板在单一的铁素体区终轧，保证热轧成品板厚度均匀，厚度偏差小，板形良好；采用较高的卷取温度，以提高成品晶粒尺寸，同时保证晶粒均匀度。

7.3.3　冷轧技术控制单

7.3.3.1　酸洗工艺（酸连轧）

拉矫机延伸率采用 1% ~ 5%。参考酸洗段控制如表 7-20 所示，其中酸洗期间不可停机超 25min。漂洗槽 pH 值控制为 4 ~ 8。挤干辊的压力控制为 0.2 ~ 0.3MPa。干燥器送风温度为 80 ~ 120℃。

表 7-20　50W800 热轧板酸洗工艺

酸洗槽号	自由酸浓度/g·L^{-1}	酸洗槽酸液温度/℃	酸洗速度/m·min^{-1}
1 号酸洗槽	30 ~ 40	60 ~ 80	
2 号酸洗槽	40 ~ 100	60 ~ 80	30 ~ 150
3 号酸洗槽	100 ~ 110	70 ~ 90	
4 号酸洗槽	110 ~ 120	70 ~ 90	

工艺目标：保证 50W800 热轧卷酸洗完全，漂洗干净，给冷连轧提供保障。

7.3.3.2 轧制工艺（酸连轧）

切边控制保证轧制后下线宽度偏差控制在：0~2mm。轧制乳化液浓度控制在 0.8%~1.6%（质量分数）。轧机轧制速度控制如表 7-21 所示。冷轧成品厚度控制为 0.49~0.51mm。

表 7-21　50W800 酸连轧轧制速度控制　　　　　　　　（m/min）

轧机入口速度	轧机出口速度	卷取速度
≤320	≤1250	≤1250

工艺目标：将酸洗后的 50W800 牌号热轧板轧制至 0.5mm 公称厚度的冷轧板并卷取，同时保证良好的板形。

7.3.3.3 脱脂工艺（连退）

使用参考浓度为 1.0%~3.0%（质量分数）、温度为 60~75℃ 的脱脂液。脱脂后的钢板用白色面巾纸擦拭其表面，白色面巾纸上无污可认为脱脂合格。

工艺目标：去除冷轧后钢带表面的油污，以防退火使其与钢带表面反应，对钢带质量产生影响。

7.3.3.4 退火工艺

退火炉入出口压差不小于 20Pa。炉内总张力保持在 3~6MPa，在保证板形良好的情况下，应尽量减小。炉内使用干气氛，H_2 含量为 8~20，露点为 12±5℃，增湿温度为 20~40℃。退火炉不同工艺速度下对应的炉温工艺如表 7-22 所示。

表 7-22　50W800 退火炉炉温控制

工艺段速度	NOF/℃	RTF/℃	SF/℃
100±5	1020±5→1050±5→1030±5	880±5→900±5	800±5→805±5→780±5
110±5	1020±5→1050±5→1030±5	880±5→900±5	800±5→810±5→780±5
120±5	1020±5→1050±5→1030±5	880±5→900±5	800±5→810±5→780±5
130±5	1030±5→1060±5→1040±5	880±5→900±5	800±5→830±5→780±5
140±5	1030±5→1060±5→1050±5	880±5→900±5	800±5→840±5→780±5
150±5	1030±5→1070±5→1050±5	880±5→900±5	800±5→850±5→780±5
160±5	1030±5→1070±5→1050±5	880±5→900±5	800±5→855±5→780±5

工艺目标：进行再结晶退火，去除冷轧钢板的轧制硬化及残余内应力，使冷轧变形晶粒转变为均匀的铁素体晶粒，控制晶粒尺寸的晶粒度为 7~7.5，尽量在降低成品铁损的情况下，保证磁感值。

7.3.3.5　涂层工艺

采用半无机普通涂层液或环保涂层液（不含六价铬），其混合液密度为 1.1~1.2g/cm³（20±5℃）。涂布量按照用户实际要求控制。干燥炉只开干燥段，温度控制在 650~700℃。

工艺目标：绝缘涂层均匀，满足客户关于涂层成分的要求。

7.3.3.6　在线工艺调整

出口使用连续铁损仪监测带钢铁损值，在其达不到产品要求时，可适当调整 NOF、RTF、SF 段工艺温度 ±10℃，调整工艺速度 ±10m/min。

工艺目标：保证成品磁性能达标。

参 考 文 献

［1］ 王新华. 钢铁冶金—炼钢学［M］. 北京：高等教育出版社，2007.

［2］ 黄希祜. 钢铁冶金原理［M］.4 版. 北京：冶金工业出版社，2013.

［3］ 王立峰，王万军，王新华. 钢中夹杂物控制技术研究［C］//冶金工程科学论坛，2002.

［4］ 何忠治. 电工钢［M］. 北京：冶金工业出版社，2012.

［5］ Deng Z, Zhu M, Zhong B, et al. Attachment of liquid calcium aluminate inclusions on inner wall of submerged entry nozzle during continuous casting of calcium-treated steel［J］. Transactions of the Iron & Steel Institute of Japan，2014，54（12）：2813-2820.

［6］ Chen B, Min J, Bao S, et al. Al behavior with the equilibrium of $C_{12}A_7$ slag and alloy structural molten-steel［J］. Steelmaking，2008，24（3）：33-36.

［7］ Fujisaki K. In-mold electromagnetic stirring in continuous casting［J］. IEEE Transactions on Industry Applications，2000，37（4）：1098-1104.

［8］ Xu Z, Gammal E L. Influence of inclusion content and morphodogy on mechanical properties of steel［J］. Journal of Iron & Steel Research，1994（4）：18-23.

［9］ 郭汉杰. 冶金物理化学教程［M］. 北京：冶金工业出版社，2006.

［10］ 余永宁. 金属学原理［M］.2 版. 北京：冶金工业出版社，2013.

［11］ 王筱留. 钢铁冶金学（炼铁部分）［M］.3 版. 北京：冶金工业出版社，2013.

［12］ 田乃媛. 薄板坯连铸连轧［M］.2 版. 北京：冶金工业出版社，2009.

［13］ 郭汉杰. 活性石灰生产理论与工艺［M］. 北京：化学工业出版社，2014.

［14］ 毛卫民. 电工钢的材料学原理［M］. 北京：高等教育出版社，2013.

［15］ 张景进. 板带冷轧生产［M］. 北京：冶金工业出版社，2006.

［16］ 刘子瑜，段莉萍. 钢铁及合金物理检测技术［M］. 北京：化学工业出版社，2016.

［17］ 杨卫东. 轧钢生产典型案例——热轧与冷轧带钢生产［M］. 北京：冶金工业出版社，2018.

［18］ Freitas M C, Dalboni D M E S M, Germano J S S. Cold Rolled Superfine Steel［C］//Materials Science Forum，2014，783-786：721-725.

［19］ 王伦，宋仁伯，吴新朗，等. 首钢迁钢抗 HIC 管线钢 X65MS 的生产实践［J］. 中国冶金，2012，22（6）：40-44.

［20］ 文小明，陈宇，张立龙. 管线钢 X65MS 的硫化氢腐蚀开裂分析［J］. 金属世界，2017（1）：57-59.

［21］ 毛卫民，吴凌康. 国产无取向电工钢磁性能解析［C］//中国电工钢专业学术年会，2010.